海上污水处理装置

黄　昊　吴长虎◎著

中国石化出版社

图书在版编目(CIP)数据

海上污水处理装置／黄昊，吴长虎著．—北京：中国石化出版社，2017.6

ISBN 978-7-5114-4524-7

Ⅰ.①海…　Ⅱ.①黄…　②吴…　Ⅲ.①海水污染-污水处理设备　Ⅳ.①X55②X703

中国版本图书馆CIP数据核字(2017)第124196号

中国石化出版社出版发行

地址:北京市朝阳区吉市口路9号

邮编:100020　电话:(010)59964500

发行部电话:(010)59964526

http://www.sinopec-press.com

E-mail:press@sinopec.com

北京富泰印刷有限责任公司印刷

全国各地新华书店经销

*

787×1092毫米16开本8.75印张190千字

2017年6月第1版　2017年6月第1次印刷

定价:40.00元

前　言

随着人类活动的范围不断拓展，工业化进度的加速，作为占地球面积71%的大海受到的影响越来越大。人类活动对海上环境包括水体、固体废弃物、大气等影响程度越来越高，海洋污染程度越来越严重。

海洋污染是指人类直接或间接地把物质或能量引入海洋环境，其中包括河口湾，以致造成或可能造成损害生物资源和海洋生物危害人类健康，妨碍包括捕海和海洋的其他适当用途的各种海洋活动，损害海水使用质量和环境。自然界如火山喷发、自然溢油也造成海洋污染，但相比于人为的污染物影响小，不作为海洋环境科学研究的主要对象。就水体而言，人类对海洋的污染日趋严重，海洋污染主要来源于：

(1)工业生产。陆地上特别是沿江沿海地区工厂排放大量未经处理的污水进入江河、湖泊和海洋。

(2)城市生产和生活污水未经处理排入江河湖海。

(3)农耕。人类通过农业活动从土壤中取出物质，又将农药、化肥等添加进去而污染土壤，这些物质流入江河湖海污染水质。

(4)核电站。沿海核电站将大量的冷却废水排入海洋，而这种废热水的水温较高，这些热水使海洋受到热能污染，水质变坏。

(5)石油提炼。许多大型炼油厂位于沿海地区，在石油提炼过程中，使部分石油随着废水排入海洋，污染海水。

(6)油轮泄漏。在石油运输中，有的油轮因产生故障而使石油大量外泄，对所在海区造成严重污染。海上石油钻井平台也会出现石油泄漏的严重事故。

上述海洋各种污染的主要来源和比例大致如下：

(1)城市污水和农业径流排放占44%；

(2)空气污染占33%；

(3)船舶占12%；

(4)倾倒垃圾占10%；

(5)海上油、气生产占1%。

根据污染物的性质和毒性，以及对海洋环境造成的危害方式，主要的污染物有以下几类：

(1)石油及其产品。包括原油和从原油中分馏出的溶剂油、汽油、煤油、柴油、润滑油、石蜡、沥青等，以及经裂化、催化重整而成的各种产品，主要在开采、运输、炼制及使用等过程中流失而直接排放或间接输送入海；是当前海洋中主要的、且易被感官觉察的量大、面广，对海洋生物产生有害影响，并能损害优美的海滨环境的污染物。

(2)重金属和酸碱。包括铬、锰、铁、铜、锌、银、镉、锑、汞、铅等金属和磷、硫、砷等非金属以及酸、碱等，主要来自工业、农业废水和煤与石油燃烧而生成的废气。这类物质入海后往往是河口、港湾及近岸水域中的重要污染物，或直接危害海洋生物的生存，或蓄积于海洋生物体内而影响其利用价值。

(3)农药。主要为森林、农田等施用农药随水流迁移入海，或挥发进入大气，经搬运而沉降入海，有汞、铜等重金属农药，有机磷农药，百草枯、蔬草灭等除莠剂，滴滴涕、六六六、狄氏剂、艾氏剂、五氯苯酚等有机氯农药以及多在工业上应用而其性质与有机氯农药相似的多氯联苯等。有机氯农药和多氯联苯的性质稳定，能在海水中长期残留，对海洋的污染较为严重，并因它们疏水亲油易富集在生物体内，对海洋生物危害甚大。

(4)有机物和营养盐类。

(5)放射性污染。主要来自核武器爆炸、核工业和核动力船舰等的排污，有铈－114、钚－239、锶－90、碘－131、铯－137、钌－106、铑－106、铁－55、锰－54、锌－65和钴－60等。其中，以锶－90、铯－137和钚－239的排放量较大，半衰期较长，对海洋的污染较为严重。

(6)废热污染。热污染主要来自电力、冶金、化工等工业冷却水的排放，可导致局部海区水温上升，使海水中溶解氧的含量下降和影响海洋生物的新陈代谢，严重时可使动植物的群落发生改变，对热带水域的影响较为明显。

(7)其主要污染途径是通过废水、废渣和废气的排入。

在人类生产和生活过程中，产生的大量污染物质原子核不断地通过各种途径进入海洋，对海洋生物资源、海洋开发、海洋环境质量产生不同程度的危害，最终又将危害人类自身，海洋污染的危害主要表现如下：

(1) 局部海域水体富营养化；

(2)由海域至陆域生物多样性急剧下降；

(3) 海洋生物死亡后产生的毒素通过食物链毒害人体；

(4) 破坏海滨旅游景区的环境质量，景观失去应有价值。

上述各种海洋污染有很长的积累过程，不易及时发现，一旦形成污染，需要长期治理才能消除影响，治理费用大，危害波及广，特别是对人体产生的毒害更是难以彻底清除干净。20世纪50年代中期，震惊中外的日本水俣病，是直接由汞这种重金属对海洋环境污染造成的，通过几十年的治理，直到现在也还没有完全消除其影响。“污染易、治理难”，它严肃告诫人们，保护海洋就是保护人类自己。

海洋污染给海洋带来赤潮、恶臭等危害，影响海洋生态，从而直接或间接影响到人类，在如陆地排海的污染水，加上海上活动的设施，如航行船舶、海上的科研和海上钻井平台、钻井船等，这些在海上的直接活动对海洋带来的危害是直接的、严重的危害，尤其是海上石油污染，给海洋生态带来的污染和危害更是直接而难以恢复的。如果这些设施不采取有效的环境保护措施，或者不采取严格的高标准的环境处理设施，必然给人类摇篮、蓝色粮仓——大海，以及人类乃至整个世界，带来巨大的灾难。

鉴于此，在我们对水处理多年的经验和海上处理设施多年的实践基础上，我们研发一系列海上污水处理技术和设施，以期对海洋环境保护作出有效的改进和保护。

目　录

1　海上污水处理装置概况

1.1　海上污水概述

近半个世纪以来，随着工业化的发展，全球经济一体化的形成，人们联系的日益密切，作为物流最便捷和经济的航运业，得到飞速发展。船舶作为流动源对环境的污染，特别是对敏感区域（如水源地、自然保护区等）的水环境质量影响，正越来越受到人们的关注和重视。而世界各国对海洋保护特别是对领海和内河的保护意识不断加强，按照国际海事组织（IMO）颁布的 MARPOL73/78 附则 IV——防止生活污水污染规则，针对船舶生活污水排放的各种地方性标准不断出台（如美国 Alaska 地区、加拿大的圣伦劳斯航道及大湖区、德国波罗的海等），要求对船舶生活污水采取更加有效的处理设施和措施。

工业化不断推进的这些年以来，为了适应高速发展的经济需要，航运业得到空前发展，然而随着航运和海洋业的发展，海洋环境正急剧恶化，船舶污水直接排放造成的海水污染、原油泄漏等现象屡见不鲜。为了创造绿色的海洋环境，近十多年来，相关国际组织及世界各国都制订了更严格的船舶污水排放法规，以降低及消除船舶污水对海洋环境造成的危害。如国际海事组织（IMO）在 2004 年，通过了 MEPC107.（49）公约取代了旧的 MEPC60.（33）公约，在新的执行标准中增加了对含乳化油“C”液的试验要求，进一步推动了船舶油污水处理装置进行技术升级和产品更新的步伐。

船舶产生的污水主要为生活污水（也称黑水）、灰水以及船舶油污水。生活污水主要指船上人员排出的粪便污水和混有粪便污水的其他废水；而灰水是指除黑水以外的船上产生的其他污水，包括淋浴水、洗涤水、厨房废水等。船舶油污水主要包括船舶正常操作过程中产生的含油压载水、含油洗舱水和机舱水，典型的污染物包括燃料、油类、液压机液体、清洁剂和含水膜、发泡剂（AFFF）、油漆和溶剂等。

海洋平台生产过程中由于人员生活在平台上，产生的生产污水对海洋环境构成了较为严重的流动性污染源。工作人员在生活中也产生大量的黑水和灰水，船舶在海洋行驶和使用过程中产生的污水，也随着工业的发展和人类生产和生活的需要不断提高，大量平台在海上常年生产带来的大量的严重的污染源。配置生产污水处理系统就是为了防止由船舶和海洋平台产生的生产污水对航行水域、平台所处水域造成污染，而在船上和平台上设置的特定处理装置。

这些污水对海洋环境的危害具体可见表 1-1。

表 1-1 污水对海洋环境的危害

污水种类	危害
黑水	消耗水中溶解氧，产生赤潮，危及鱼类和大多数水生物的生存；产生难闻的气味，造成环境不美观的景象，影响海底生物
灰水	产生赤潮；难闻气味，造成环境不美观的景象，影响海底生物
油污水	造成海水污染，降低海洋生物抵抗力，破坏海洋食物链，产生致癌物质

因此，随着航运业和海洋开发的空前发展，海洋环境的污染越来越严重，海洋生态也遭受到越来越严重的破坏。近年来，人们的环保意识的提高和加强，加上环境法律、制度不断完善和加强，执法力度也在不断加强，也凸显出人类对海洋环境保护的日益重视。

海上污水主要为黑水、灰水以及含油污水，另外海上设施作业时产生的废水，本书主要讨论生活产生的污水，对生产废水不做阐述。

1.1.1 海上污水

海上活动日常产生的废水有如下三种：

（1）黑水。主要指船上、平台人员排出的粪便污水和混有粪便污水的其他废水，其中可能是淡水冲厕，也可能是海水冲厕，目前以海水居多，尤其是远海航行或远海平台。

（2）灰水。是指除黑水以外的船上产生的其他污水，包括淋浴水、洗涤水、厨房废水等。

（3）含油污水。主要包括冲洗产生的清洗水，典型的污染物包括油类、清洁剂和含水膜、发泡剂（AFFF）等。

1.1.2 海上污水特点

海上生活污水最早来源于船舶等，后来随着海上石油天然气开采的活动加剧，平台污水排放也成为一个海上大的污染源。平台上的生活设施和船舶相差不大，很多都是参考中型或大型船舶进行设计的，所以其生活污水排放和特点有很多相似之处或雷同之处，为表述方便，后面的论述，如果没做特殊区分或论述，两者就不做区别阐释，不同之处再做阐述。

1.1.2.1 海上生活污水的水量特征

海上生活排水量和用水量直接相关，但船舶生活用水量的确定没有专门的标准和规范，因此应根据载客量、卫生设备完善程度和船舶所处区域条件，参照建筑给水排水设计规范进行选用。船舶上主要的用水设备有大便器（槽）、小便器（槽）、洗手盆、洗脸盆、淋浴器、洗涤盆、洗衣机等，因此船舶生活用水包括厕所冲洗、盥洗、洗衣、餐饮等。对货船而言，由于船员数量和生活习性是固定的，其生活用水特征类似于居民区；对客船及旅游船舶而言，流动人口远大于固定船员及服务人员，其生活用水具有商业及公共设施的

特征。因此，可参照《建筑给水排水设计规范》（GB 50015—2015）中，有关住宅和其他商业、公共设施生活用水定额及小时变化系数的规定数值进行选取。

平台生活用水量相对船舶有不同之处，平台上由于长期固定使用，平台上的淡水等都是由补给船供给，但是由于人员长期在上面生活、加上生产任务紧，在人性化设计上面有很多改进，舒适性上有所改进。其人均淡水量比船舶提高，产生的生活污水量比较高。其他并无太多不同。

和城市生活污水一样，海上生活污水的产生和排放通常是不稳定的，因此其流量也不稳定。所不同的是，海上人数比城市少得多，这意味着船舶或平台生活污水水力流动的变化比城市大得多。因此，城市中每一个人的排泄对处理装置的水力负荷变化不存在重要的影响，但对人数较少（尤其是货轮及小艇）的船舶和平台却有重要的影响。这个参数的大幅度变化使船舶、平台污水处理问题复杂化。根据在货轮 21006 上的实船调查，每日的最大时污水量出现在约 7：00～8：00，其污水量可达 50L/h，与日污水量 250L/d 之比，可得时变化系数为 4.8。可见，对于船舶、平台而言，尤其是人数较少的货轮、平台，生活污水量在一天中波动较大，而且会出现某段时间（如夜间）无污水排放的情况，所以相应于海上污水处理设施的水力负荷变化较大。因此，为保证海上污水处理设施的稳定运行，进行流量调节是必要的。就海上生活污水处理而言，无论采用何种处理方法，生活污水量越少，无疑对处理是有利的。因此，如果要对海上设施尤其是大型客轮或游轮、平台的生活污水进行处理，首先必须对其冲洗机制进行改进，并尽可能采用节水型的减量冲洗方式。

1.1.2.2 海上生活污水的水质特征

海上设施产生的生活污水，尤其是粪便污水中含有大量的有机物，对其污染程度的定量可用 BOD_5 污染负荷量进行描述。中国《室外排水设计规范》（GB 50101—2005）指出，城市污水的设计水质，在无资料时，生活污水的 BOD_5 按 25～50g/（人·d），SS 按 40～65g/（人·d）计算。上述生活污水为综合排水，包括粪便污水和杂排水，而粪便和杂排水的负荷量也有较大差异。通常，国内船舶及平台大多采用分开排泄的排水系统，而目前国内船舶及平台生活污水处理装置的设计均参考城市生活污水水质，每人每天污水量和处理装置进水指标等参数几乎都相同。事实上，不同生活污水的污染指标是不一样的，船舶生活污水有其自身的特点，由于海上设施卫生系统排泄周期较短，排放的污水比城市排水系统更为新鲜（分解较少），因此污染负荷较高。另外，不同船型和卫生设备类型及排水系统形式，所排放的生活污水水质也有较大差异。

有资料介绍柴油机货船上每人每天用水量及 BOD_5 负荷量平均值见表 1-2。由表可知，每人每天产生的 BOD_5 为 48g，其中粪便所构成的 BOD_5 占较大比例。各单元所耗水量不同，各种污水的排放浓度也有较大差异，其中粪便污水 BOD_5 浓度高达 670mg/L，但当组合排泄时综合污水 BOD_5 浓度仅为 250mg/L。因此，船舶生活污水污染物浓度和所采用的卫生设备类型及排水系统形式有直接关系。

表 1-2　每人每天用水及 BOD_5 负荷

指　标	厨　房	洗　澡	洗衣机	厕　所	总　计
用水量/L	50	100	10	30	190
BOD_5/g	17	7	4	20	48
BOD_5/（g/L）	330	70	350	670	250

德国一些研究机构在进行船舶生活污水处理设计时，参考 ATV（污水工程联合会）针对小型污水处理装置的设计规定，所采用的生活污水污染负荷量等参数见表 1-3。

表 1-3　德国生活污水每人每天排水量及 BOD_5 负荷量

指　标	厨　房	医　院	洗　浴	洗　衣	厕　所	总　计
用水量/L	10	10	100	20	10	150
BOD_5/g	20	2	15	4	50	91
BOD_5/（g/L）	2000	200	150	200	5000	607

另外一个值得注意的问题是，中国《室外排水设计规范》（GB 50101—2005）所推荐的生活污水污染负荷量数据，是基于 1990 年以来全国 37 个污水处理厂的设计资料汇总分析得出的，而此值和居民的饮食结构、生活习惯及生活水平有直接关系。就船舶而言，船员尤其是在远洋货轮上，其生活水平高于一般居民，因此相应的污染负荷量会更高些。而由于缺乏相关数据，盲目搬用其他类型生活污水的设计参数，是目前中国船舶生活污水处理装置存在的一个突出问题。

综上所述，海上生活污水相对其他生活污水不同，有自己的特点：

（1）冲击性大。平台污水的产生和排放通常是不稳定的，时间变化系数较大，高峰在 6:00～9:00，11:00～13:00，17:00～21:00。

（2）污水系统排泄周期比较短，排放的污水比城市排水系统更为新鲜（分解较少），因此污染负荷较高。

（3）成分复杂、水质波动大，黑水污染物浓度高，冲洗废水和洗衣废水污染物成分复杂，有化学油脂和洗涤剂、清洗剂等不易降解的化学物质，厨房废水高浓度、含油量大等。

（4）采用海水冲厕时污水含盐量高，嗜盐微生物活性低、不易成活。

（5）低盐生活污水水质如下：

①生活污水水质指标为：COD_{Cr}：200～1200mg/L；BOD_5：150～600mg/L。

②氨氮根据经验值确定为：20～60mg/L。

（6）高盐生活污水水质如下：

①生活污水水质指标为：COD_{Cr}：100～500mg/L；BOD_5：50～300mg/L。

②氨氮根据经验值确定为：15～50mg/L。

1.2 海上污水处理装置目前概况

按照 MARPOL73/78 附则 N《船舶生活污水防污染规则》的规定，除非特殊情况，禁止船舶等直接向海域排放生活污水。船舶必须安装符合相应标准的生活污水处理装置，这涉及到 3 类船用卫生设备（Marine Sanitation Device，简称 MSD），参考美国海岸警备队（USCG）颁布的指导 MSD 设计和建造的条例（33CFR159），分别为 MSD - 1 贯流型装置（粉碎和消毒装置）、MSD - 贯流型装置（有机污染处理，如生化或物化系统）和 MSD - 无排放型装置（集污柜）。由于 MSD - 1 和 MSD - 型装置较为简单，目前国内外针对船舶生活污水处理的研究，主要集中在 MSD - U 型装置的研制和开发。从船舶生活污水处理的管理要求和港口接收设施现状，以及国际上认同的发展趋势来看，船舶生活污水的就地处理达标排放，也就是将污染在船上消除是未来的主导思路。这也要求开发性能可靠、操作简便的 MSD - I 型装置。

1.2.1 国外研究进展

国外进行船舶生活污水处理工艺及技术的研究，开始于 20 世纪 60 年代末期，以美国和日本为代表，目前开展此项研究工作的仍是最早加入附则 N 的一些国家，如美国、日本、英国、法国、德国、希腊、荷兰和丹麦等。从船舶生活污水处理工艺的发展过程来看，其基本上沿用岸上水处理技术，尤其是城市生活污水的处理技术，并随着水处理技术的发展而不断革新。目前，比较流行的处理装置所采用的工艺主要有生物法（活性污泥法、生物膜法和膜生物法）、物化法（混凝沉淀及吸附过滤等）、电化学法等。尽管从船舶生活污水的水质特性来看，解决这一问题似乎不存在技术上的难度，但到目前为止仍没有一种公认的理想工艺。这也是 1998 年至今美国海军研究局（ONR）欧洲处每年都资助召开海洋环境会议，就船舶防污染及海洋环境保护问题在美国和欧洲国家之间进行政策和技术交流的原因。

近年来，国际上的研究方向以强化生物处理工艺流程及处理效率为主，比较典型的就是结合膜分离技术而形成的膜生物法工艺（MBR）。如 1998 年 Rachel Jacobs 报道了美国海军环境质量部针对 75 人的军舰，采用曝气预处理、管状膜固液分离以及紫外消毒工艺进行船舶灰水处理的实验室模型实验情况 E61；1993 年联邦德国国防部开始资助进行船舶生活污水处理装置的改进研究，1994 ~ 1999 年在陆上进行了采用膜生物工艺的不同处理装置的实验研究，如德国 WABAG ESMIL 公司 1998 年模拟实船条件，采用浸渍型膜生物反应器（SMBR）处理船舶生活污水，进行了 9 个多月的实验。2000 年德国海军安装了首台 MBR 船舶生活污水处理装置并进行了实船实验。同年，联邦德国教育与研究部资助进行一项叫做“MEMROD（Membrane Reactor Operation Device）”的研究项目，目的是将船舶所产生的灰水、黑水以及舱底含油废水集中到一个 MBR 处理后达标排放 181；2001 年英国多年从事船舶生活污水处理装置生产的 Hamworthy 公司，也对其产品进行了工艺升级，研制开发出 MBR 系列装置；荷兰 Triquabv 公司开发的“MEMTriq（r）Marine”船用装置，采用了外置的管状膜。另外，还有物理化学法和电化学法，如美国 Severn Trent De Nora 公司自 1980 年以来就从事 Omni pure 系列电解法船舶生活污水处理装置的生产和销售，该装置利用海水混合污水电解产生次氯酸钠、二氧化氯等氧化剂杀菌，并对有机物进行氧化分解。

1.2.2 国内研究情况

国内针对船舶生活污水处理装置的研制开始于 20 世纪 70 年代末期，以上海船舶设备研究所为代表，该所自 1977 年开始研制 WCC 型再循环式生活污水处理装置以来，已先后开发了物理－化学法处理生活污水的 WCF 型系列装置，具有粉碎、消毒、贮存功能的 WCB 型系列贮存柜，以及生化法处理生活污水的 WCH－（T）型生活污水处理装置，又于 1990 年研制开发了与生活污水真空收集系统（每人每天产生污水量仅 10L）相配套的处理高浓度生活污水的 WCV 型二级生化处理装置。其他还有引进国外设备并吸收转化开发的相关船舶生活污水处理装置，如南京绿洲机器厂的 ST 系列（从英国 Hamworthy 公司引进）和重庆大晃康达环保公司的 SBT 系列（从日本大晃机械工业株式会社引进）。

虽然这些设备均通过了船检部门的型式认可，但在实际使用过程中所出现的比较集中的问题是：处理装置体积较大，耐冲击负荷能力差，处理效果不稳定，操作维修不方便，加之监管不严，很多设备闲置不用。

国内针对船舶污染的研究，以舱底含油废水及溢油污染对策为主，而不重视船舶生活污水污染防治技术研究。1994 年交通部也曾立项“大型客轮生活污水处理技术的研究”，由西安公路交通大学承担，课题组完成了实验室的工艺研究，之后在进行工业性应用过程中，由于缺乏配套资金支持，加上相应管理体系及法律法规不健全，实船实验研究没有再深入进行。其他由政府资助而开展的研究工作未见报道。整体而言，国内针对船舶生活污水处理技术的研究，主要是处理装置的研制开发，由于仅仅着眼于市场需求和管理要求，缺乏基础研究而忽略了船舶生活污水的特性和船舶的环境特点，盲目追求体积小、造价低，只注重装置本身而不重视技术要求，因此往往流于形式。

1.2.3 海上设施污水处理最新进展

目前，海上污水处理装置，包括平台和船舶，基本上都沿用船舶的污水处理设备和工艺：目前所用的系统中所利用的方法有生物处理、电化学处理、物理－化学处理、真空抽吸污水、蒸馏浓缩、将固体粉碎同污水搅混后消毒污水以及电动机械处理方法，其中最常用的方法是生物处理和物理－化学处理。但是，采用生物处理方法的装置较为笨重，实际上对于内河船舶是不适用的。在利用物理－化学方法的装置中，采用各种化学药品使污水澄清和化为无害，这显然使装置的管理复杂化并要求设有专门的服务机构来为船舶供应化学药品。

我国海上污水基本沿用船舶污水处理工艺和装置，所以较多的采用生化法污水处理工艺。船舶、平台上生活污水一般采用生化法处理；灰水和压舱水则较多采用直接排出舷外，但在一些零排放要求的特殊海域内常采用生活污水粉碎消毒储存柜处理，然后将处理后的污水残渣排至开式海区或通岸接头。

使用淡水作为海上设施：船舶或平台，其排放的低盐污水处理采用传统的接触氧化的工艺已基本淘汰，只有很多老船还在用，平台已基本不用；在新的船舶和平台上采用膜生物法的较多，低盐污水场合采用电解法的不多，因为目前的电解法基本是采用电解海水产生次氯酸钠进行污水分解；含盐废水基本采用膜生物法工艺和国外引进的电解工艺进行处理。采用基本生活污水处理设备采用生物处理加膜生物反应器工艺，处理黑水和灰水混合废水。黑水先进入生活污水处理装置，经过调质预处理后再和灰水混合，经过一级生物处理、沉淀、二级生物处理、再进入 MBR 膜柜，出水经抽吸后由紫外线消毒后外排。产生的污泥进入污泥池。污泥池定期排泥。设备膜组件需要定期化学清洗。

目前，海上电化法工艺更多是采用电解海水，利用钛电极等电极进行海水电解、电絮凝，利用产生氧化剂对污水中有机物进行氧化分解，同时产生大量氢气，这是一个隐患也是电解法的一个弊病。如果电絮凝时阳离子产生并和有机物等反应，会有一定絮状物或沉淀产生。加上高电流电极工作产生大量的电极消耗和黏泥，导致极板钝化或者失效，经常需要进行化学清洗，产生较多的酸碱废水，设备因此无法连续运行。

1.3 海上污水处理装置的几种工艺

经过对海上污水处理的考察、调研，目前在海上，如船舶和平台，主要采用如下几种工艺：①传统接触氧化污水处理工艺；②膜生物法污水处理工艺；③物理化学法处理工艺；④电解法污水处理工艺。

这四种工艺在不同场合和时期，针对不同时期的环保排放标准和要求，起到一定的效果和作用。至于最早的 ST 型船用生活污水处理装置是生物化学处理方式（活性污泥法）的污水净化装置，该装置采用延时曝气（完全氧化）法，利用好气性细菌处理生活污水，其占地大，处理效率低，基本被淘汰，这里就不做介绍。其他工艺分别介绍如下：

1.3.1 传统接触氧化污水处理工艺

生化法的典型代表是 WCB 型生活污水处理装置，工艺流程如图 1-1 所示：

其装置如图 1-2 所示。该类装置采用生物接触氧化的原理处理生活污水，主要由粉碎室、两级生物接触氧化室、沉淀室和消毒室等腔室组成。其主要工作流程为：由卫生间便池来的污水进入装置收集粉碎室；大颗粒悬浮固体物质，经过粉碎泵粉碎细化后，依次经格栅进入两级生物接触氧化室，在两级氧化室内，好氧菌附着在填料表面上生长，形成生物膜，在充氧的条件下，消解污水中的有机污染物，变成无害的二氧化碳和水，同时好氧菌得到繁殖；有机物得到进一步消解；经好氧处理后的污水进入沉淀室，沉积的污泥再被定期回流到接触氧化室作为菌种繁殖和再处理；而经过澄清处理过的污水最后进入消毒室

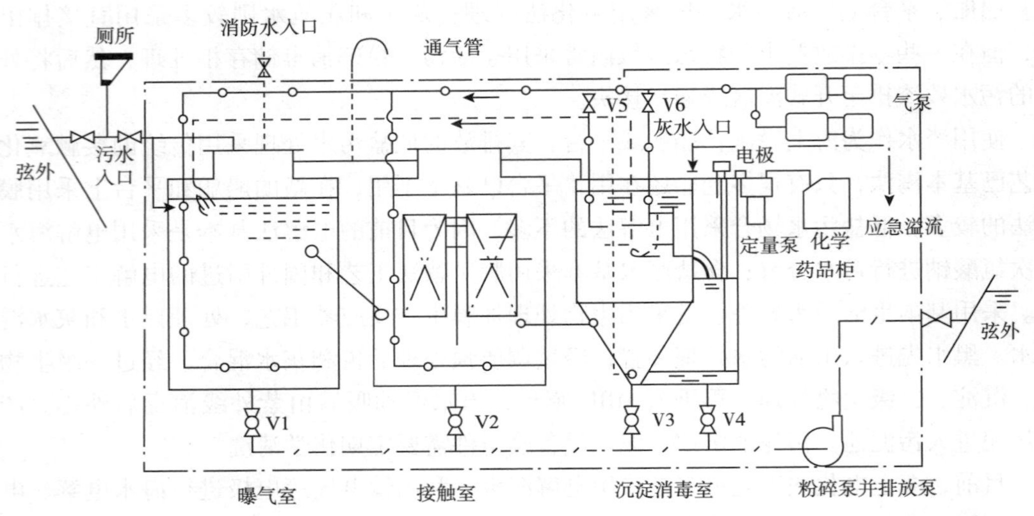

图 1-1　WCB 型生活污水处理装置工艺流程图

用含氯药品杀菌，然后由该室的液位系统控制经排放泵排放至舷外。该装置具有耐腐蚀性强、结构紧凑、安装方便等特点，同时消除污染物彻底，对环境造成二次污染概率较小，排放水符合 IMO 公约和我国规定的排放标准。但是该类装置也存在一些不足，主要包括有：

（1）该类装置采用重力式沉淀，一旦船舶、平台处于摇摆、倾斜状态，就使得固液分离效果不佳，影响处理排放水水质。

（2）由于微生物的浓度低，使得污水耐有机负荷和水力负荷的冲击能力较差；易发生污泥膨胀等现象。

图 1-2　WCB 生化法船用生活污水处理装置

（3）装置体积较大，操作管理复杂，能耗较高，有时运行不够稳定。

（4）操作维修不方便，需要定期清掏。

（5）出水水质不稳定，尤其是含有海水的废水。

因此，此工艺目前逐渐被淘汰。

1.3.2　物理化学法处理工艺

物理化学法处理工艺比较典型的是 WSH 型生活污水处理装置，采用物理化学方式进行污水处理。该装置完全实现自动操作，可用于无人机舱，污水的净化质量符合国际公约要求的排放标准。

其工艺流程如图 1-3 所示：

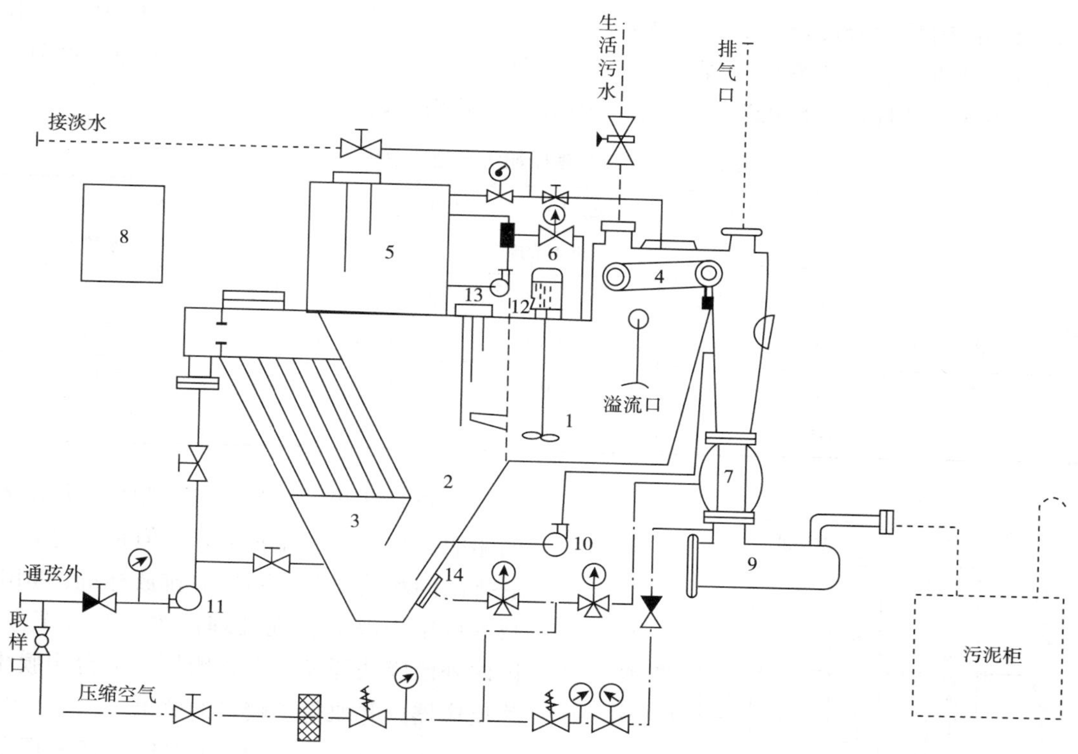

图 1-3 WSH 型生活污水处理装置工艺流程图

1—混合箱；2—絮凝箱；3—沉淀箱；4—机械分离器；5—絮凝剂储存柜；6—搅拌器；7—夹紧器；8—控制箱；9—污泥箱；10—污泥泵；11—排出泵；12—药剂泵；13—液位电极；14—振动器

WSH 型生活污水处理装置用氢氧化钙做絮凝剂的优点：

(1) 除絮凝外，并降低了污水中的 SS 指标。

(2) 絮凝作用消除了大量的有机物，使 BOD 值大大降低。

(3) 氢氧化钙本身有杀菌作用。

此工艺的缺点也很明显：

(1) 污泥量大，化学药剂投加导致大量污泥的产生。

(2) 出水无法满足当前的排放标准。

(3) 大量的污泥储存和处理，势必引起成本的增加，也给船舶和平台带来大量的工作和不方便。

(4) 操作维护费用较高，而且需要大量的化学药品，也带来不安全的因素。

因此，此工艺目前应用越来越少，以前建造的基本被改造和升级、替换。

1.3.3 膜生物法污水处理工艺

膜生物反应器（Membrane Bio-Reactor，简称 MBR）是 20 世纪末发展起来的水处理高新技术，它将膜分离技术与生物处理有机地结合起来，主要应用于污水处理领域。2000

年，英国汉姆沃斯公司公司生产出第 1 台船舶用膜生物反应器处理装置，并于 2000 年和 2001 年在太阳公主号上对膜处理效果进行了为期 31d 的测定，处理对象是船上的灰水和黑水。在平均日处理量为 52927L 的情况下 MBR 处理效果见表 1-4。

表 1-4　MBR 处理船舶污水处理效果表

	5 日生化需氧量/（mg/L）			悬浮固体颗粒/（mg/L）		
	进水浓度		出水浓度	进水浓度		出水浓度
	黑水	灰水	—	黑水	灰水	—
最高	5840	6090	5.70	4980	990	17.1
最低	991	652	0	1180	176	0
平均	2595	2062	2.62	3092	485	3.12

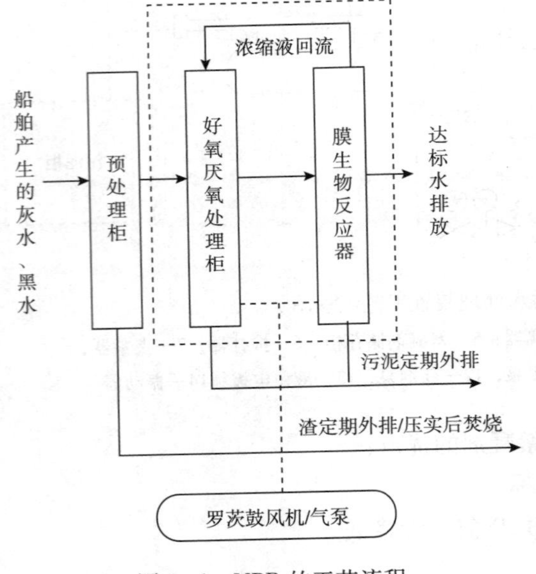

图 1-4　MBR 的工艺流程

由表 1-4 可知，虽然进入膜生物反应器的船舶污水水质情况非常差，但是经过处理后排出的水质完全达到新的排放标准，MBR 技术可用于海上设施处理污水。发展至今，国内外已成功开发出多款船用、平台用膜生物反应器，并取得了较好的效果。

MBR 主要由污水预处理柜、好氧厌氧处理柜、膜生物反应器、气泵等组成，其中膜生物反应器中放置有膜组件，其具体工艺流程如图 1-4 所示。

MBR 膜生物反应器，具有结构紧凑、外型美观、占地面积小、运行费用低、稳定可靠、自动化程度高、维护操作方便等特点。特别是其出水水质好，具有传统污水处理工艺不可比拟的优点：

（1）固液分离效果好，其分离效果远好于传统的沉淀池，出水悬浮物和浊度接近于零，可直接回用，污水可资源化回用。

（2）膜的高效截留作用，使微生物完全留在膜生物反应器内，反应器水力停留时间（HRT）和污泥龄（SRT）完全分离，运行控制灵活稳定。

（3）利于硝化细菌的截留和繁殖，系统硝化效率高。通过不同运行方式达到脱氨和除磷功能。

（4）由于泥龄非常长，从而大大提高难降解有机物的降解效率。

（5）反应器在高容积负荷、低污泥负荷、长泥龄下运行，剩余污泥产量极低。由于泥龄可控制到无限长，一定程度上可实现零污泥排放。

我国对 MBR 的研究已经二十多年，取得很多有益的经验。国内对 MBR 的研究大致可分为两个方面：一方面探索不同生物处理工艺与膜分离单元的组合形式，生物反应处理工艺从活性污泥法扩展到接触氧化法、生物膜法、活性污泥与生物膜相结合的复合式工艺、两相厌氧工艺；另一方面是影响处理效果与膜污染的因素、机理及数学模型的研究，探求合适的操作条件与工艺参数，尽可能减轻膜污染，提高膜组件的处理能力和运行稳定性。

但是，在使用中 MBR 有如下缺点：

（1）在进水水量、水质波动下抗冲击负荷能力差，处理效果不稳定。

（2）膜使用导致污染需要经常反洗，而且需要定期化学清洗。

（3）操作维修不方便，需要定期清掏。

（4）高盐废水时或水质波动时出水水质不稳定，尤其是含有海水的废水易导致微生物死亡。

（5）维修维护频繁，经常更换膜组件、添加微生物等。

（6）随着新的排放标准实施，该装置稳定达标、提标困难。

因此，目前，尤其在远海的平台或船上，其污水处理采用 MBR 工艺的比较少，或者面临不达标需要改造。

1.3.4 电化学法污水处理工艺

污水的常用处理方法分为物化法、生化法、电化学法 3 种。物化法效率较低，应用较少。市政生活污水处理通常采用生化法，但应用于海上生活污水处理时面临诸多难题：

（1）需要专业人员长时间培养驯化细菌；

（2）污水负荷大幅度变化时处理能力差；

（3）装置体积较大；

（4）活性污泥容易引发恶臭等。

电化学法则不存在上述问题：它直接将电流用于处理过程，避免了培养细菌；可随时开启电源进行处理，操作简单方便；污水中的盐类有利于增加电导率，减小电解能耗；不需要长时间自然沉降，避免了海上设施如船舶、平台震荡晃动的影响。因此，采用电化学法处理船舶生活污水尤其是高盐废水具有明显优势。

早在 20 世纪 40 年代，就有人提出利用电解法处理废水，但由于电力缺乏，成本较高，因此发展缓慢。60 年代初期，随着电力工业的迅速发展，电解法开始引起人们的注意。传统的电解反应器采用的是二维平板电极，这种反应器有效电极面积很小，传质问题不能很好地解决。在工业生产中，要求有高的电极反应速度。提高电解槽单位体积有效反应面积，从而提高传质效果和电流效率是一个非常紧迫的问题，尤其对那些低浓度体系更是如此。客观上需要开发新型、高效的电解反应器。在这种背景下，电解反应器的设计随着现代电化学工程理论的发展取得了突破性的进展。

1969 年，Backnurst 等提出流化床电极（FluidBed Electrode 简称 FBE）的设计。这种电极与平板电极不同，有一定的立体构型，比表面积是平板电极的几十倍甚至上百倍，电解液在孔道内流动，电解反应器内的传质过程得到很大改善。

1973 年，M. Fleischmamm F. Goodridge 及其合作者研制成功了复极性固定床电极（Bipolar Packed Bed Electrode 简称 BPBE）。槽内电极材料在高梯度电场的作用下复极化，形成复极粒子，分别在小颗粒两端发生氧化还原反应，每一个颗粒都相当于一个微电解池。由于每个微电解池的阴极和阳极距离很小，迁移就容易实现。同时，由于整个电解槽相当于无数个微电解池串联组成，因此效率成倍提高。复极性固定床有两种形式，一种是滴滤塔式；另一种是随机分散式。图 1-5 是使用较为广泛的随机分散式 BPBE 示意图。

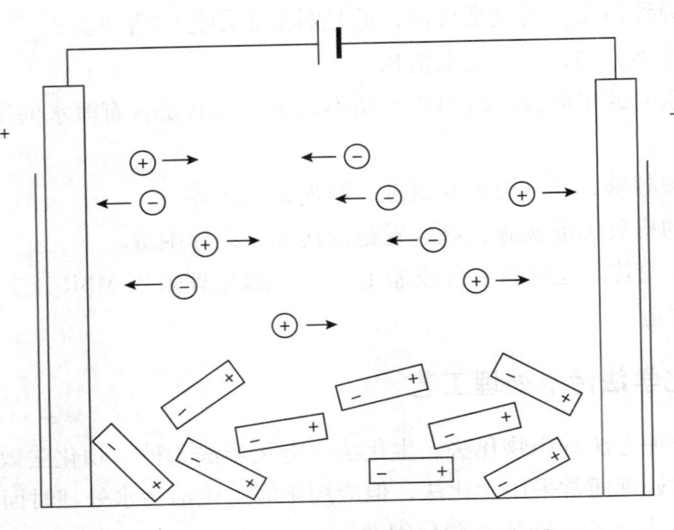

图 1-5 复极性固定床电极原理示意图

自 20 世纪 80 年代以来，随着人们对环境科学认识的不断深入和对环保要求的日益提高，又因为电解法水处理技术具有其他处理方法难以比拟的优点而引起了广大环保工作者的很大兴趣。电解法水处理技术的优点在于：

（1）过程中产生的 · OH 无选择地直接与废水中的有机污染物反应，将其降解为二氧化碳、水和简单有机物，没有或很少产生二次污染；

（2）能量效率高，电化学过程一般在常温常压下就可进行；

（3）既可以作为单独处理，又可以与其他处理相结合，如作为前处理，可以提高废水的可生物降解性；

（4）电解设备及其操作一般比较简单，如果设计合理，费用并不昂贵。因此，在国外，电解法水处理技术被称为“环境友好”技术（Environment friendly Technology）。

1.3.4.1 电解法水处理技术的国内研究现状

目前，国内电解法水处理通过多年的研究，已经有一定的应用基础，然而和国外相比，还显得很零碎，不系统，多集中在重金属及氰离子废水处理方面。随着环境问题的日益严重，人们对环保的认识越来越高，高浓度、难降解、高盐有机废水的处理日益突出和迫切，电解法在这方面的应用就再次成了人们关注的焦点。杨卫身等研究了用复极性固定床电极处理偶氮类染料活性蓝和络合染料活性艳绿废水的效果，COD 去除率可达 50% 以上，脱色率可达98%以上；对于蒽醌染料废水，脱色率近100%，COD去除率可达90%以上。赵少陵等用活性炭纤维电极电解处理印染废水和染料废水，结果表明：在色度去除方面，总体上并不比广泛使用的Fenton试剂法逊色，有的染料废水用电解法处理优于Fenton试剂法。而在国外，用电解法处理有机废水的研究非常多。Li2Choung Chinag等用PbO_2/Ti作阳极，铁板作阴极研究了木质素、丹宁酸、氯四环素和EDTA（乙二氨四乙酸）混合废水的电解预处理可行性。凝胶色谱分析表明：电化学过程可有效地破坏这些大分子，并且可降低其毒性，处理后废水的可生化降解性提高。J. Naum czyk等报道，纺织废水在电流密度为$6A/dm^2$时经过60min的电解，COD去除85%~92%，DOC（溶解性有机碳）去除约85%，不同的电极效果为：$Ti/RuO_2 > Ti/Pt > Ti/Pt/Ir$。台湾的Sheng. H. Lin等也研究了纺织废水的电解处理，处理后回用。Apostolos G. Vlyssides等用圆柱固定床电极对制革厂生产废水进行处理，也得到了较好的效果，COD去除率为52%，苯类化合物去除率为95.6%，NH_3-N去除率为64.5%，硫化物去除率为100%，同时废水的可生化性大大增强。Lidia Szpyrkowicz等用Ti/Pt和Ti/Pt/Ir电极处理制革废水，电化学过程不仅能去除有机物，而且表明有去除NH_3-N的作用，在Cl^-存在下间接氧化过程更加明显，NH_3-N几乎完全除去。Ch. Comniellis等发表了数篇关于苯酚在电极表面氧化的文章。在这些文章中，作者提出了几个非常重要的概念：瞬时电流效率（Instantaneous Current Efficiency简称ICE），电化学氧化指数（Electrochemical Oxidation Index，简称EOI），电化学需氧量（Electrochem ical Oxygen Demand简称EOD）及氧化度（Degree of Oxidation），据此测定了不同条件（包括Pt、SnO_2、SnO_2/Ti、IrO_2/Ti等不同阳极、不同pH和不同Cl^-浓度）下苯酚的电化学氧化参数，并提出了反应机理。C. L. K. Tennakoont研究了固定床电解反应器处理人体排泄物的效果，指出影响因素有：阳极粒子大小、电解液流速、床高、电流密度和主阴阳极的固定方式等。最好的结果是处理每人每天排泄物的耗电量为11.4kW·h。垃圾渗滤水的BOD_5、COD为0.1~0.2，是一种典型的生物难降解废水，经电解处理后，其BOD_5/COD可提高至0.5，废水可生化性良好。需要特别指出的是，电解法处理技术还有去除NH_3-N和NO_2-N的作用，这一点在废水的深度处理中显得尤为重要。电解法水处理技术也可用于给水处理，使用的处理器就是固定床电解反应器，研究表明其杀菌效果十分明显，为电解法水处理技术的应用开辟了新的领域。

1.3.4.2 电解反应器的分类

有人曾对电解反应器进行了详细的分类，如图1-6所示。因为三维电解反应器有望得到实际应用，所以下面就其做一些详细的介绍。

三维电解反应器（又称三微电极、立体电极、三元电极），是借鉴化学工程中反应器理论而设计的，通常分为固定床和流动床两大类，这是根据电极在床内的运动状态进行区分的。如果电解液的流动速度超过某一极限值，床内的电极进入流化状态，此时称为流化床电极。流化床电极的流化程度用膨胀率表征，一般取值为10%~30%。另外，电极又可分为单极性和复极性两类。在实际应用中，两种分类方法常常同时使用，例如图1-5所示的就叫做复极性固定床电极。在复极性固定床内，导电粒子之间必须尽量减少接触，通常

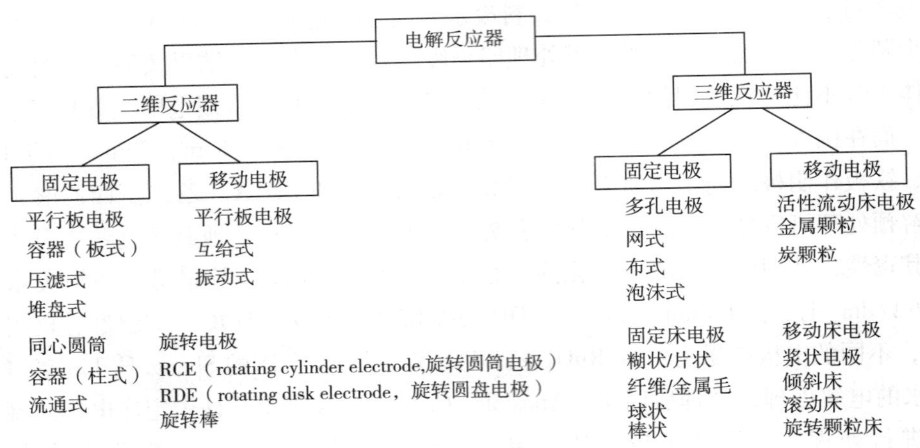

图 1-6　电解反应器的分类

的办法是加入一定比例的密度相近的绝缘材料，以保证尽可能地使每个颗粒都复极化，在这种情况下不必使用隔膜（单极性固定床需使用隔膜）。从工程角度出发，复极性固定床更具竞争力。从外形上看，复极性固定床电解反应器有两种形式，第一种是长方形，主阳极和主阴极固定在槽内两相对的内壁，中间堆上填料。电解液流向一般采取和电流方向垂直的方式；第二种是圆柱形，主阳极和主阴极的位置灵活多变，有多种组合方式。也有人据此而把电解槽分为平板槽（外形为长方形）和回转槽（外形为圆筒形）两类。

1.3.4.3　电解法水处理技术存在的问题

电解法水处理技术从产生到现在，已经历了 40 多年，未能广泛应用的主要原因是电流效率太低，经济上不合理。要解决这个问题，必须从有关理论出发，合理地设计电解反应器。正如前面已经指出的那样，由于三维电极极大地扩大了电极的面体比而比较完善地解决了传质问题，但又引起了床内电流和电位分布问题，这是三维电解反应器内特有的现象。这个问题与电极的几何形状及尺寸、电极相和电解液相的有效电导率、流体的力学性质、电极的极化类型和程度等因素有关，对反应器的空速、单程转化率、反应选择性、电流效率及电能利用率等均有影响。许文林等提出了单极性固定床的理论模型并进行了试验测定，试验结果与理论一致。可以说该模型已基本解决了单极性固定床内电流、电位的分布问题。

对于复极性固定床电极来说，理论研究还不够充分。一般认为，污染物在复极颗粒表面的氧化速度取决于颗粒表面的电势 σ_p 和液相电位 σ_s 之差(σ_p/σ_s)，差值小反应速度也小，差值大反应速度也大，不过差值过大将发生目的之外的反应。所以，从理论上研究床内各点的电位和电流发布对于复极性固定床电极的优化是至关重要的，而这一点正是推广应用的关键。关于复极性固定床电极的理论模型，文献的作者做了一定的工作，他们对圆筒状固定床电极回转槽的几种组合方式进行了数学处理，得到了一维微观模型下 σ_p、σ_s 及 $G(G = \sigma_p - \sigma_s - E_0)$ 的解析解并绘出了曲线，指出主阴极固定在圆筒内壁，而主阳极居中的方式是比较有利的。这些具有重大价值的结果对于在实践中设计高效的电解反应器有明显的理论指导意义。周抗寒等用实验的方法研究了固定床槽内的电位分布，指出平板槽性能上优于圆筒槽，原因可能是平板槽电力线彼此平行，而圆筒槽则呈辐射状。由于圆筒槽比平板槽具有更高的对称性，出现死角或滞流的可能性大大降低，则圆筒槽比平板槽有利。比较电流、电位在复极性固定床内分布的理论计算和实验结果，发现有很大的差别，说明有关复极性固定床的理论问题还没有完全解决。复极性固定床电解反应器内部，固体/溶液界面的几何形状非常复杂，从理论上讲是无穷多维的，电流、电位分布的精确计算显然很困难，通常必须采用较为简单的宏观模型。在宏观模型中，三维电解反应器内部被视为由两个准均匀相所组成，一个是固体相，一个是液体相，二者相互渗透，各自是连续介质。在这种模型下，有人描述了三维电极的二次电流分布。采用 Wa 和 Wa' 这两个无因次数群作为表征准数，$Wa=(\mathrm{d}Ga/\mathrm{d}j)\cdot(KL_3/L)$，$Wa'=(\mathrm{d}Ga/\mathrm{d}JT)\cdot[KL_3KM_3/L(KL_3+KM_3)]$，$Ga$ 为过电位，JT 为总电量，KL_3 为液相校正了孔隙率和弯曲度的电导率，L 为电极长度，KM_3 为固定电极相校正了孔隙率和弯曲度的电导率。从工业应用的角度看，Wa 和 Wa' 越大越好，在给定 KL_3 的情况下，可以通过减小电极厚度 L 达到目的。此外，利用孔隙率较大的体系增大 KL_3 也可提高 Wa 值。无论是理论预测或实验结果都显示床内的电流、电位分布是不均匀的，为了有效地充分利用反应器空间，必须改进三维电极的结构。庞文亮等用一种互补型混合床电极处理铜氰络合物废水，结果表明：在最佳条件下，经过 8.3min 电解，氰（初始质量浓度 187mg/L），铜（初始质量浓度 50 ~ 70mg/L）都达到了国家排放标准，费用比平板电极法至少降低 44%，电解停留时间可减少约 67%。熊方文等用脉冲电源代替直流电源处理毛纺染整废水，结果表明：电耗降低 50%，铁耗降低 60%。据有关文献报道，为了消除床内电流、电位分布的不均匀性，在圆筒形床内按一定规则布置多支阳极柱。有机物在电解反应器上的氧化，一般认为有两种途径，一是直接氧化，二是间接氧化。间接氧化就是电极反应产生强氧化物种，然后这些物质再去氧化有机物。人们普遍认为这些物种包括 H_2O_2 和 $\cdot OH$。在 Cl^- 存在的情况下，氧化会变得更加容易，因为 Cl^- 在阳极失去电子后和水反应并引发一系列的反应，生成 ClO^-、O_2 等氧化剂。但是，这些机理缺乏直接的实验支持。电化学降解的机理是一个解决起来非常困难，但又非常重要的问题。

随着现代电化学工程理论的完善和实验室研究的深入，以及更多的工程实践，目前，电解法水处理技术也在废水处理方面得到越来越广泛的应用。

1.3.4.4 电化学的适用场合

在电化学处理法中，电絮凝法操作简单、效率高、投资小，对固体悬浮物的去除有非常好的效果，但针对可溶性有机物时其去除效率较低；而电解法可高效产生强氧化性的羟基自由基等，能有效去除可溶性有机物。如将电絮凝技术和电解技术结合，综合二者的优势实现了对船舶生活污水的高效处理，先采用电絮凝处理进行预处理，再用电解法进行深度处理，取得了良好的处理效果。

电絮凝法对于可溶性有机物的去除效率较低；而电解法可高效产生强氧化性的羟基自由基等，能有效去除可溶性有机物。如果将电絮凝技术和电解技术结合起来，二者的综合提高对船舶生活污水的高效处理，通过采用单因素优化方法研究了污水的电絮凝处理过程，确定了最佳操作条件，再采用电解法进行深度处理，取得了良好的处理效果。实验表明：在电流密度0.06A/cm^2 时，电絮凝、电解时间分别为40min 和3h 时 COD 可达到93%左右的去除效率。电解深度处理后废水的 COD 已降低至120mg/L，达到 MARPOL73/78 国际防污公约附则Ⅳ中 COD≤125mg/L 的排放标准。

电絮凝预处理：在外加直流电作用下，阳极铁板发生氧化反应，生成 Fe^{2+}，其与阴极还原产生的 OH^- 发生聚合反应，生成具有很强吸附能力的 $Fe(OH)_2$ 絮凝物，把污水中悬浮的固体物质黏附在一起而沉降；同时，阴极产生的氢气微小气泡和电解水时阳极产生的氧气微小气泡，也将带动固体悬浮物上浮，从而达到分离悬浮物、净化水质的目的。

电解深度处理：通电后，一方面吸附到阳极极板上的污染物直接被氧化，另一方面阳极生成的强氧化性羟基自由基和 Cl^- 生成的次氯酸、次氯酸根离子等也可把污染物氧化成 CO_2、H_2O 等，从而达到消除污染物的目的。

1.4　海上平台污水处理的现状及问题

1.4.1　现状

海洋平台作为原油开采设施，长期坐落在海域中，平台上的工作人员日常产生的生活污水如未经处理必然会对海洋造成污染，IMO 在 1973 年就制订了《国际防止船舶造成污染公约》，该公约中附则 Ⅳ 关于防止生活污水污染的规定，该公约规定了海上生产生活设施必须装有生活污水处理装置。目前，常用的生活污水处理方法有物理化学法（物化法）、生物化学法（生化法）和电解法三种，序批式生物膜法是近年来比较先进的污水处理技术。现已经开始在海洋平台上使用，并具有较大的发展前景与应用空间。

由于目前没有专门的法律、法规、规则等对平台生活污水排放作出具体规定，因此目前参照的标准主要是《中华人民共和国海洋环境保护法》《船舶污染物排放标准》以及《国际防止船舶造成污染公约》等。如根据《船舶污染物排放标准》，船舶排放的生活污水最高容许排放浓度应符合表1-5 中的规定：

表1-5　船舶生活污水最高容许排放浓度

排放区域	内河/（mg/L）	沿海（距最近陆地4n mile以内）/（mg/L）	距最近陆地4～12n mile/（mg/L）
生化需氧量	≤50	≤50	—
悬浮物	≤150	≤150	无明显悬浮物固体
大肠菌群	≤250 个/100	≤250 个/100	≤1000 个/100

注：1n mile = 1852m。

海洋平台在设计初期就要求把生活污水处理作为设计的一部分，依据各项法律法规中的要求，考虑成本和性价比、复杂的海域情况、平台上生活人员数量、以及其他因素等，

选择合理的生活污水处理设备，对投产运营后的经济效益十分重要。

1.4.2 海上平台常用污水处理工艺介绍

1.4.2.1 物化法

物化法的工作原理是将粉碎泵粉碎后的污水加入消毒药剂，污水消毒后经过分离，处理为澄清水和污泥，将澄清水排除，污泥定期排走。

由于对消毒药剂需求量较大，占用比较大的空间，药剂不易保存、清除污泥操作环境较差以及处理罐中的滤网可能堵塞、维修环境恶劣等原因，并有可能造成二次污染，且其运行费用远高于生化法污水处理装置和电解法污水处理装置，因此物化法处理污水目前在海洋平台已经很少使用。

1.4.2.2 生化法

1）生化法原理

生化法是一种利用微生物来处理污水的方法，参与污水处理的微生物中细菌数量最多。污水中的有机物通过细菌的细胞壁被吸收，细菌通过自身的生命活动——氧化、还原、合成等一系列生物化学过程，把一部分污水中的有机物转换成简单的对环境无污染的无机物（水、二氧化碳等），并放出细菌生长活动所必须的原生质，使细胞生长、分裂、产生更多的细菌。此外，在细菌的生长过程中，除了吸收的有机物被氧化放出能量外，还有一部分细菌的原生质也在进行氧化分解，同时放出能量。当废水中有机物充足时，合成占优势，内源代谢不明显。但当有机物浓度大大降低或已耗尽时，微生物的内源呼吸作用就成为向微生物提供能量，维持其生命活动的主要方式，微生物代谢过程如图 1-7 所示：

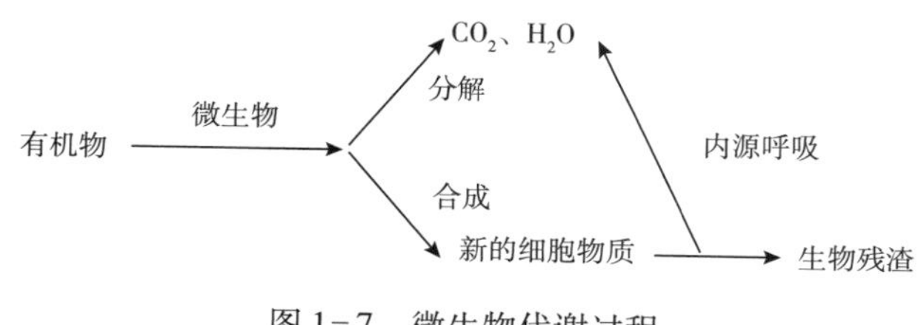

图 1-7 微生物代谢过程

2）生化法处理流程

生化法原理处理有机污染物的流程如图 1-8 所示：

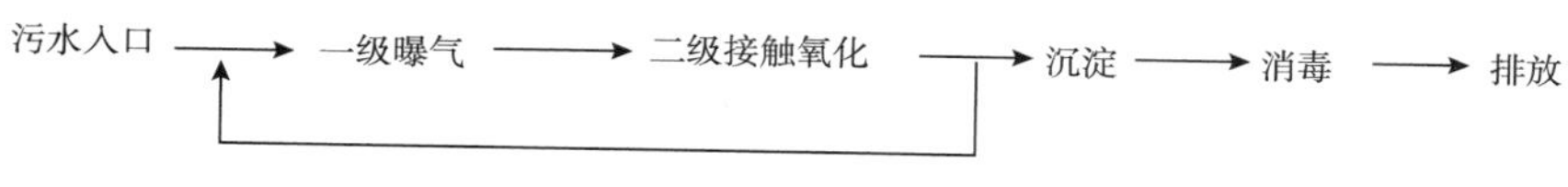

图 1-8 生化法原理处理有机污染物流程

产生的污水（黑水）首先进行一级曝气，在曝气柜中污水中的有机物质与曝气柜中的活性污泥接触并吸附。在充氧的条件下吸附在活性污泥上的有机物被氧化分解成无害的二氧化碳和水，同时活性污泥得到繁殖，随后污水进接触柜进行二级接触氧化，内部的软性纤维填料的生物膜对有机物进一步消解，含有活性污泥的混合液然后流入沉淀柜，经沉淀处理，澄清的上清液经过撇渣器并消毒后流入消毒柜，在消毒柜内积累到一定的液位后排出。活性污泥再提升回流入曝气柜，曝气用的空气和污泥提升撇渣用的空气均由气泵供应，消毒柜上部设高位紧急溢流口，并设有高位报警浮球液位控制器。

3）生化法处理设备的组成

生化法污水处理装置一般由曝气柜、接触柜、沉淀消毒柜、风机和粉碎兼排放泵等构成。污水通过装置入口阀门进入一级曝气柜，前有一滤网挡去大块杂质。曝气柜内设有隔板以增加污水的流程。接触柜内悬挂有软性填料，污水缓缓流过填料，有机物得到消解，然后进入沉淀区。沉淀区为斜斗型，便于污泥汇集，上部设有撇渣器，沉淀污泥和浮渣分别由空气提升器抽回到曝气柜，澄清的处理水从撇渣器上面经溢流管流入消毒柜，待消毒柜内液位达到中位时，粉碎排放泵自动启动，将符合排放标准的水排放，直到液位降低到低位粉碎排放泵自动停止。生化法生活污水处理装置的结构原理如图 1-9 所示：

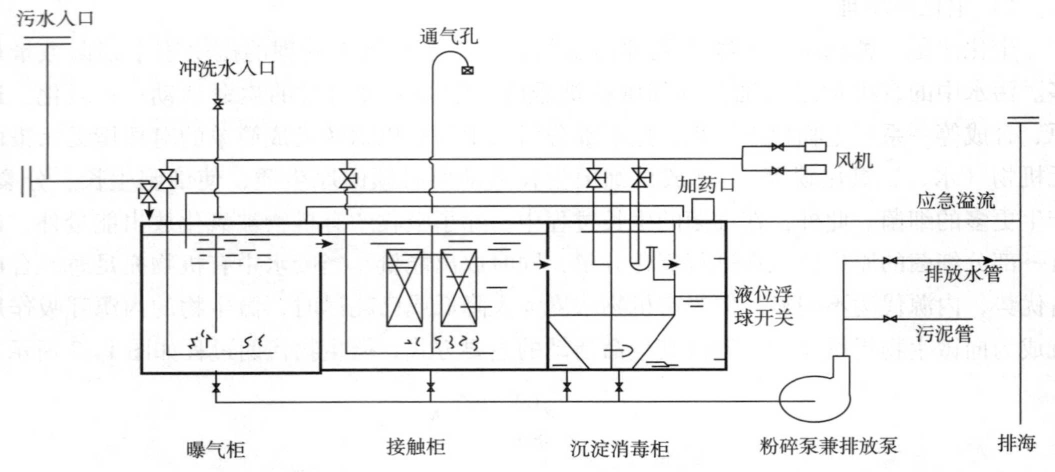

图 1-9　生化法生活污水处理装置系统流程

4）污泥排放

污泥排放周期视污水性质和负荷而定，检查时可从取样口用 100mL 量筒在正在运行状态下取出含有悬浮物的液体，静置半小时后，如沉淀物界面超过 40% 时，此时应排放污泥。从沉淀区观察窗中看到沉淀物超过观察玻璃的 2/3 时，此时先加大沉淀柜空气入口阀门的开度，以增加污泥回流量，如无效，则也应排放污泥。污泥排放周期一般为三个月左右，所以使用三个月以后，可以将沉淀区内污泥排出，但不要全部排空，以保留一定量的菌种。

5）生化法优缺点

生化法的优点：

（1）一次性投资较少；

（2）运行费用低。

生化法缺点：

（1）装置体积比较大；

（2）处理污水种类单一；

（3）没有细菌无法处理污水，培菌对人员专业知识要求较高；

（4）装置长久不用或维修可能导致细菌因缺乏营养而死亡，再次运行需要时间较长；

（5）装置停机时，污水罐内有沼气和硫生活污水搅拌电机化氢等易燃有毒气体；

（6）需要定期清理储罐内的泥渣（有恶臭）；

（7）需要另加化学消毒剂，占用空间，存储危险。

1.4.2.3 电解法

1）电解法原理

电解法是通过化学过程对污水进行氧化和消毒。其原理是将混有海水的生活污水流经特制的电解槽，电解槽有阴极和阳极组成的多个电解室，在电解室中发生如下反应：

$$直流电\ Cl^- + H_2O — ClO^- + H_2$$

其中，电解产生的 ClO^- 是强氧化消毒剂，它在副产品气体（H_2）的搅拌下，充分与污水中的细菌混合接触后，消灭其中的细菌。同时，污水中的有机物在阴阳两极发生电化学氧化分解反应，将有机物氧化分解成 CO_2 和 H_2O。

2）电解法处理设备的组成

电解法生活污水处理装置的结构原理如图 1-10 所示：

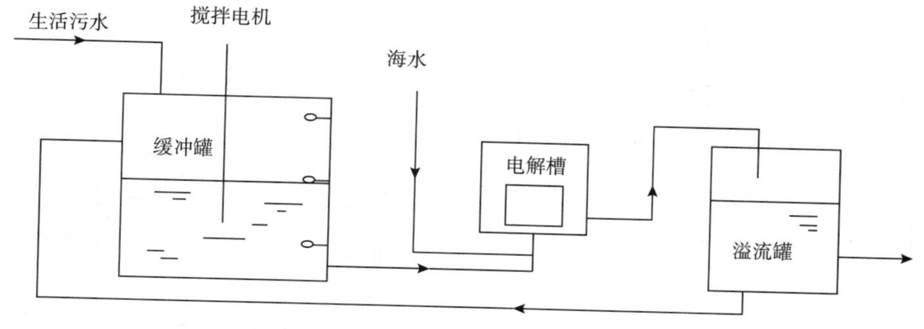

图 1-10 电解法污水处理装置原理

其流程为污水进入缓冲罐，在液位控制系统的控制下启动装置，缓冲罐内的粉碎泵将污物粉碎搅拌均匀后与海水混合进入电解槽中，在电解槽内进行氧化消毒，随后进入溢流罐内，在罐内继续与电解产生的 ClO^- 进行氧化消毒反应，沉淀的污泥被抽回缓冲罐中重新进行彻底处理，少量副产品气体通过稀释器后排入大气。

3）电解法优缺点

电解法的优点：

（1）整机体积小；

（2）处理污水种类较多；

（3）运行可靠，可随时启动和停止；

（4）不需要添加消毒药剂；

（5）常温常压工作，操作维修简单。

主要缺点：

（1）初投资较大；

（2）有可燃气体产生；

（3）有污泥污渣产生；

（4）极板腐蚀钝化等现象，尤其关键的是，电解法污水处理设备很难达到 COD < 125mg/L，一般都在 300mg/L 以下。

1.4.2.4　序批式生物膜技术

1）原理

序批式方法是一种间歇曝气方式运行的活性污泥处理技术，生物膜技术主要是利用膜分离技术与生物处理技术相结合的污水处理技术。序批式膜生物法兼具序批式活性污泥法和生物膜的特点，不仅脱氮除磷效果好，而且实现装置一体化，节省空间等，这对海洋平台寸土寸金的场所来说十分重要。

2）流程及设备组成

目前，比较先进的海上平台污水处理装置是采用序批式工艺和膜生物法相结合的处理装置。其结构原理如图 1-11 所示：

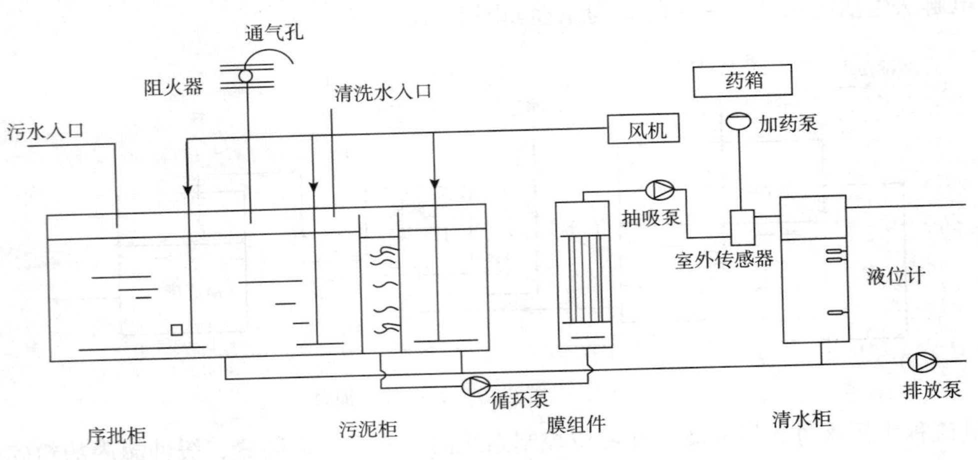

图 1-11　序批式生物膜法处理装置原理

装置的主要部件和工作流程：此处理装置的本体由序批柜、污泥柜、清水柜及膜组件组成。在序批柜内对原污水进行生化处理，去除污水中绝大部分有机物。经过处理的污水通过膜组件由抽吸泵排出，进入清水柜。再经过紫外线杀菌后，达到各项排放标准，由排放泵排出。在序批柜中剩余的污泥进入污泥柜，定期排出。

3）序批式生物膜装置的使用方法

（1）使用前的准备和检查。

装置内进污水，开始培菌。将供气风管组上所有阀门全部打开，对装置内的污水进行曝气。打开清水柜排放阀，排放泵根据清水柜液位自动启停。第一次培菌一般需要一周左

右，以后培菌过程只需一天。培菌时排水不能通过膜组件，否则会造成破组件快速堵塞。

（2）正常使用。

①培菌完成后，打开抽吸泵进水阀门。将电控箱面板上“抽吸泵”开关置于“自动”，抽吸泵投入自动运行。

②打开循环泵进水阀门，将电控箱面板上“循环泵”开关置于“自动”，循环泵投入自动运行。

③将电控箱面板上“紫外灯”开关打开，紫外灯投入自动运行。

（3）排泥操作。

①装置一般运行10天左右应进行一次排泥。

②关闭清水柜排放阀门，打开污泥柜排放阀门，将电控箱面板上“排放泵功能”开关置于“排泥”，排放泵按时间继电器设置的时间确定。

（4）辅助消毒。

①消毒方式为紫外线消毒，紫外灯的使用寿命大约是一年，因此要注意及时更换紫外灯，当紫外灯出现故障可通过加药泵进行辅助消毒。

②将电控箱面板上“加药泵功能”开关置于“消毒”，加药泵开关置于“自动”，加药泵投入自动运行。此时，加药泵的起停主要受抽吸泵控制：每次抽吸泵运行后，加药泵按时间继电器设置的时间运行后停止。

③由于外加消毒药剂都存在二次污染的可能性，因此建议平台工作人员要按时对设备进行检查，尽量避免使用药物消毒的方法。

1.4.2.5 总结

综合以上装置的特点，以前海上平台通常采用的是生化法污水处理装置和电解法生活污水处理装置，电解法装置虽然比生化法装置的尺寸、体积、重量等有优势条件，但其一次性投资较高，因此人数较少的小平台多采用的是生化法污水处理装置，而在人数较多的大平台可以选用规格较大电解法污水处理装置，对装置的选型，同时还要考虑污水处理种类、是否有专业的人员进行定期维修维护以及针对一次性投资性价比等条件，选择出比较合理的装置对平台生产以及平台上的生活人员都十分重要。

而作为最新的序批式生物膜技术生活污水处理装置，已经在平台中得到使用，但其对污水处理的条件比较苛刻，含油的污水容易使膜堵塞，不及时清洗可能造成膜的损坏，因此，在处理含油污水时，一定要提前将污水中的油去除干净，从而保证膜的使用寿命，做好维护，本装置将会有很好的发展前景。

但是，随着近年来电化学的不断发展，电解设备被引入后国内研究的不断深入，电解设备成本不断下降，电解设备也不断被引入平台污水处理尤其是高盐废水处理，高盐废水的平台或船舶的污水处理设施不少采用电解设备进行改造，取代生物处理的生物法或膜生物法。

1.4.3 平台污水处理装置现有问题

（1）目前，平台的污水处理设备和工艺都不太理想，运行维护成本偏高，处理效果不稳定。

目前，海上平台污水处理工艺与设备都存在如下问题：处理效果不佳，出水不稳定，维修频繁、维护成本高等，这些都影响着海上平台污水处理装置的运行。目前，许多平台都面临着改造，如2015年，中海油要求进行的渤海湾约15个平台污水装置改造（表1-6）。

表1-6　2015年天津分公司改造污水平台列表

作业公司	平台	生活污水处理装置人数
辽东作业公司	JZ25-1S CEP	204
	LD4-2 WHPB	76
	JZ20-2 MUQ	90
	LD27-2 WHPB	36
	LD32-2 WHPA	126
	SZ36-1 CEPK	120
	SZ36-1 WHPJ	46
	JZ25-1 CEP	150
	BZ13-1 WHPB	60
	BZ26-2 WHPA	80
渤西作业公司	BZ26-3 WHPA	80
	NB35-2 CEPA	120
	BZ28-1N WHPA	30
渤南作业公司	BZ28-1S WHPA	30
	BZ28-2S CEP	200

2016年，要求对湛江分公司的乐东LD22-1平台污水改造，以及文昌、乐东、涠洲3个作业区的9个平台污水改造（表1-7），上述平台均为海水冲厕产生的高盐废水，均按COD≤300mg/L进行改造。

2016年，还对渤西公司QHD33-1平台污水装置改造，另外2015年我们对JZ9-3 A平台和E平台进行改造，按照MEPC159（55）要求验收，实际出水COD<50mg/L。

表1-7　2016年湛江分公司污水改造平台列表

作业公司	平台	生活污水处理装置人数
东方乐东	DF1-1 CEPD	120
	LD15-1 PRP	120
涠洲	WZ6-9/6-10 WHPA	100
	WZ11-1 WHPA	90
	WZ11-1N WHPA	120
	WZ12-1 PUQ	150
文昌	WC8-3 WHPA	100
	WC15-1 WHPA	100
	WC19-1 WHPB	100

（2）随着新环保排放标准进一步提高，环保执法力度进一步加强，污水处理工艺和原

有设备的升级改造势在必行。

国际海事组织 MEPC159（155）决议以及 MARPOL 公约的实施，作为海上污水排放新的排海标准，要求海上设备检查验收标准为国际海事公约组织 MEPC159（155）决议，以及 Marpol73/78 公约附则 IV。污水经过污水处理设备处理后达到 MEPC. 159（155）要求排放标准，达到排海标准后外排（表 1-8）。

表 1-8　MEPC159（155）最新污水排海水质标准

水质项目	排放标准 MEPC. 159（55）
TSS/（mg/L）	35
BOD_5/（mg/L）	25
COD/（mg/L）	125
大肠菌群数/（个/100mL）	100
pH	6～8.5
余氯/（mg/L）	<0.5
氨氮/（mg/L）	无要求
总氮/（mg/L）	—
总磷/（mg/L）	—

而采用海水冲厕的平台，其产生的生活污水由于盐度高，高盐废水处理难度较大，国内目前一般执行 GB 4194—2008 一级标准，达到排海标准后外排。拟定出水水质指标为（表 1-9）：

表 1-9　GB 4194—2008 要求排海标准（一级标准）

水质项目	排放标准 GB 4194—2008
TSS/（mg/L）	35
COD/（mg/L）	≤300
大肠菌群数/（个/100mL）	100
pH	6～8.5
余氯/（mg/L）	<0.5
氨氮/（mg/L）	无要求

从表 1-9 可见，高盐废水执行国标的标准明显低于 MEPC159（155）标准，这不符合当前的发展趋势和新的环境监管趋势和要求，也不符合减少环境污染的要求，执行新的排放标准也将成为必然。

（3）国内实力较强的污水处理研发单位较少，且在实际运用中还没有真正得到验证，中海油选择污水处理工艺为电解法。

国内实施海上平台污水改造，中海油较多地采用了电解法作为其主体工艺，而因为竞争等原因，某些单位以其超低的价格进行投标、获取项目，而单纯靠低价、电解工艺作为海上平台污水处理，其中存在很大的隐患：一是低价导致厂家无利润进行设备和工艺的改进；二是低价导致设备运行和维护中必然存在大量隐患，使得设备运行维护成本较高，使用寿命缩短等；三是电解法作为污水处理，存在巨大的技术隐患：出水无法达到较高的排放标准，随着新的排放标准的实施，必然要第三次进行污水装置工艺及设备的改造甚至是替换，而且更为严重的是单纯采用常规电解，大电流必然导致大量氢气的产生，为安全带来一定的隐患。

因此，采用更加安全可靠的、稳定的海上污水处理工艺及装置，成为海上用户的迫切需求和愿望。

2　FBAF－电催化氧化污水处理装置

近年来，海洋污染引起中海油总公司的极大重视，提出“节能减排”“保护环境”的社会责任目标。仅中海油天津分公司在渤海区域就有8个作业区，已建有平台近百座，大部分平台已有生活污水处理装置，不同装置厂家不同，工艺技术不同，建造及运行时间不同，给平台日常运行管理维护带来不少困难和问题。

2.1　FBAF－电催化氧化污水处理工艺的提出

由于海上平台要求设备紧凑，加上负荷和水量变化较大，而且海上平台的任务主要是采油、采气，污水处理设施只是作为辅助设备，如何找到一种冲击能力强、出水稳定，能灵活使用、启动简单、启动时间快，见效快而又占地小的污水处理设备，确保运行稳定、无人值守等，污泥产量少基本不用清泥、掏泥的工艺和装置，是平台长期以来盼望的。加上平台上除了淡水外，还有海水冲厕等产生的高盐废水，因此常规处理工艺或者仅仅生物处理是无法满足上述需要和需求的。

为满足海上平台生活污水处理需要，解决海上空间狭小，而既有低盐的常规生活污水，又有高盐的生活污水，达到污泥产量少、基本不用清掏污泥的要求。根据我们的调研和陆地、海上的实验和实际设备改造实践，我们提出FBAF－电催化氧化污水处理工艺，彻底解决了上述问题。

2.2　FBAF－电催化氧化污水处理工艺介绍

平台生活污水由三种废水来源组成，黑水、餐厨废水和灰水。污水经过管道收集进入FBAF反应器，进一步生化处理，经过FBAF调质生化处理后，出水进入电解槽进一步降解污染物，电解出水再经过催化氧化、BAC反应器深度处理，出水即可达标排放，设备运行稳定且出水水质远远高于排放标准，确保运行无忧患。此工艺无论低盐废水还是高盐废水均可达标排放，可以按照任何排放标准设计并确保达标。

污水处理工艺如图2－1所示，具体如下：

设备示意图如图2－2所示：

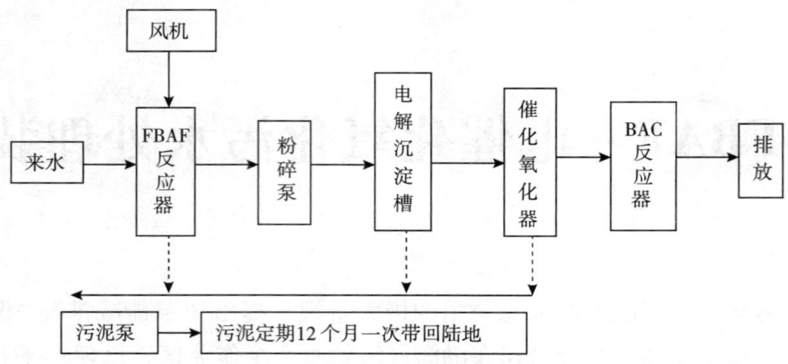

图2-1　FBAF-催化电解污水处理工艺

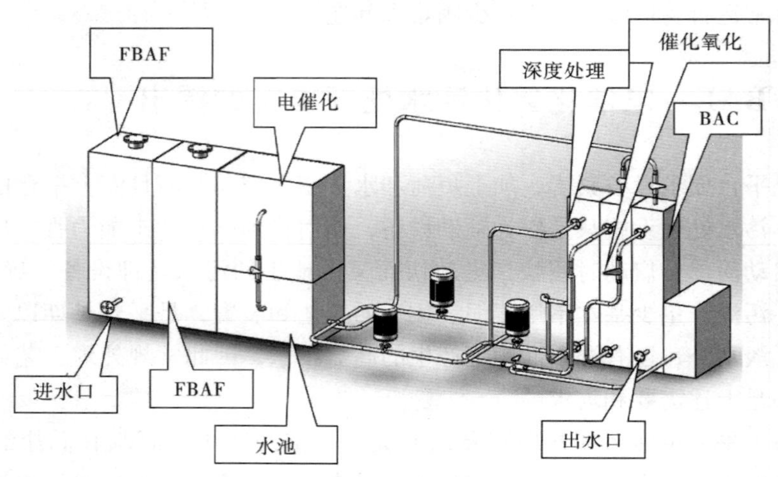

图2-2　污水处理设备示意图

2.3　FBAF-电催化氧化污水处理工艺特点

（1）处理效率高，占地面积少，建设费用低，省去沉淀池，大量节省占地面积和投资。

由于FBAF填料的投加和FBAF工艺的采用，使得微生物的浓度MLSS大量增加和活性增强，微生物在良好的生长环境下，代谢较为旺盛，污泥龄与水力停留时间无关，加之填料通过改性，极有利于硝化菌的生长繁殖，硝化能力强，NH_3-N去除率可达98%～100%。生物链极长，抗负荷冲击能力大大加强，处理负荷提高至少3倍，使得占地面积大大减少（生化池可以减少2/3甚至更多一些），大大节省投资。填料改性后，对水中的有机物、养分、养料的吸附能力增强，为微生物与水中有机物等养料和氧气的接触、反应创造和提供了一个良好的反应场所。由于工艺采用FBAF和FBAF工艺，生物悬浮填料和SBR工艺的使用，减少了对池容的要求，MLSS大大提高，MBSBR池节省初沉池和二沉

池，占地面积大大减少，土建、设备投资相应减少，曝气量将减少，污泥无需回流，同时生物链极长也使污泥产生量减少，相应能耗减少，污泥处理费用也将减少。

（2）在原有设施不变的条件下，提高处理能力，做到达标排放。

由于众多因素的影响，随着排放标准或者回用水质标准的提高，许多原有设施和条件无法满足要求，我们可以在原有设施、池体不变的条件下，改变原工艺，并在池体中增加池体 FBAF 填料，提高了微生物数量和活性，减少运行成本，即可达到扩容、提高处理能力的目的，确保污水处理效果。

（3）污泥排出量少，减少污泥处理处置的困扰，无污泥、无臭气、臭味之虞，无环境污染和噪声的影响。

由于工艺改进、新工艺、新材料的使用，完全采用生物膜法预处理，污泥循环污泥龄长。采用本工艺后生物链极长，污泥产量为传统方法的10%~40%，解决了污泥处理处置的困扰，极大地减少污泥处理、处置费用。由于微生物基本都在载体上，加之没有沉淀池的存在，所以整个设施运行时基本没有什么臭味，彻底解决了臭气、臭味、噪声等环境问题。

（4）污水运行成本极低，出水水质好。

由于 FBAF 等生物膜工艺的采用，加上后续电解设备进行深度处理，催化氧化和 BAC 作为最终处理，出水水质完全得到保证，并可直接回用到相应场合。FBAF 中缺氧的存在，确保出水的 TN 达标。根据我们的成功污水处理经验，采用本工艺后，真正确保氨氮、COD_{Cr}等达标，废水处理指标将达到并优于国家水回用标准。完全可以直接回用到相关工业场合，平台上比如拖地、冲洗地面、冲厕、冷却水等场合，无须其他处理，为废水的资源化创造一个新的途径。整套设施运行费主要为风机运行电费、人工费。

（5）基本不受温度和水质波动影响，无须调整 F/M 比率，无须控制 MLSS，全自动运行、操作管理简单方便，无须维护。

采用本工艺后，生化系统抗冲击能力强，加上电解法和催化氧化的工艺作为后续保障，即使受到较强的冲击后，生化部分两三天即可恢复，而电解和催化氧化基本不受温度影响，水质波动时后续电解和催化氧化作为后续把关和屏障，确保即使冬季水温在 8℃时，或者水质波动在 30% 范围内时，出水水质稳定，不像活性污泥等其他生物处理工艺受温度影响大、抗负荷冲击能力差，也无须像常规活性污泥法处理那样需要调整相应的 F/M 比以及 MLSS 等。由于改性填料为微生物的附着、生长提供一个良好的栖息场所，微生物 MLSS 大、活性高、代谢能力强，是目前生物处理中抗冲击能力最强的处理方法，加之后续电解催化氧化反应器，出水更为稳定，确保出水水质达到回用要求。采用本工艺后，操作、运行、管理都极为方便，劳动强度大幅度降低，除了日常巡检和检修外，其他基本可以达到自动控制，无人值守。

（6）真正资源化、无环境污染之虞。

由于 FBAF 工艺、电解工艺及催化氧化工艺的采用，出水水质极好，高效催化剂的采用，使得污染物直接碳化变成二氧化碳及氮气排到大气中，加之废水处理完全可以回用，产水中没有潜在的危险物质和风险，浓水回用，抽取其中的水作为平台上冲洗地面、冲厕或者生产回用——回注，达到污水回用、污水资源化的目的。污泥产量极少，12 个月外排运回陆地，完全从各个环节实现生产走环保之路、发展绿色经济、循环经济，实现清洁化生产。

2.4 FBAF－电催化氧化污水处理工艺适用场合

综合上述论述，现将海上平台的各种常用处理工艺总结对比如下，由此得出 FBAF 电解催化氧化工艺的适用场合，具体对比见表 2－1。

工 艺	生物接触氧化法	膜生物反应器 MBR 工艺	电解法	FBAF－电解催化氧化工艺
原理	生物接触氧化法由粉碎室、两级生物接触氧化室、沉淀室和消毒室等组成； 通过曝气培养活性污泥，借助活性污泥的生物化学作用将有机物除去，同时借助污泥的吸附和凝集作用将固体悬浮物吸附沉积	采用活性污泥、接触氧化和膜分离的处理原理（MBR）来消解污水中的有机物； 由污水预处理柜、好氧/厌氧处理柜、膜生物反应器、气泵等组成，其中膜生物反应器中放置有膜组件	通过电解氧化或还原作用进行处理； 生活污水流经电解槽，通过电解污水中的海水产生 NaClO 等氧化性物质，在产生的气体的搅拌作用下，充分地与污水混合，达到消毒灭菌的目的；同时水中有机物在电解作用下氧化分解成 CO_2 和 H_2O	利用改性生物填料的巨大比表面积附着大量微生物，采用生物移动床工艺去除大部分有机物，再利用电解法去除剩余有机物并消毒，确保出水水质的稳定
流程	污水→收集粉碎→厌氧池→接触氧化室1/2→沉淀室→消毒排放	污水→收集粉碎→厌氧池→接触氧化→沉淀室→膜过滤→消毒回用/排放	污水→储存罐→粉碎→电解槽→溢流→排放	污水→FBAF储存罐→粉碎泵→电解槽→催化氧化/BAC罐→出水/排放
作用	生物接触氧化分解	生物接触氧化分解＋超滤膜/微滤膜，生物作用和物理作用	电化学氧化、絮凝、分解有机物	生物移动床氧化分解，并利用电化学进行催化氧化分解

续表

工　艺	生物接触氧化法	膜生物反应器 MBR 工艺	电解法	FBAF－电解催化氧化工艺
优点	一次性投资较少； 运行费用低	出水悬浮物少； 水力停留时间（HRT）和污泥龄（SRT）的完全分离，利于硝化细菌繁殖，系统硝化效率高； 由于泥龄长，有机物降解效率高	体积小； 处理污水种类全面，黑水和灰水均可处理； 可随时启动运行、关机；不需外加消毒灭菌剂； 处理效率高，可以去除大部分有机物	处理污水种类全面，黑水和灰水均可处理； 结合了生物移动床和电解法的优点：泥龄长、微生物浓度大，生物活性高，容积负荷高等特点； 处理、维护成本低：极板消耗少，6 年内不用换； 抗冲击能力强、出水水质好，操作简便，无需清淘污泥； 模块化设计，因地制宜，满足不同场地安装； 电解槽可随意换向，防止电极浓差极化和钝化； 污泥产量少，6 个月左右 30～40kg 污泥（120 人平台）
使用范围	要求较低场合，初级处理	水质水量稳定场合，盐含量较低，含油量低于 20mg/L，且易清洗的场合	对进水要求高，悬浮物较低，对于醇类废水处理效果差； 适用于各种高浓度、小流量、有毒难降解废水的处理	水质水量波动大，出水水质要求严格的场合； 无论含盐量高低均可适合，含盐量高时物理化学作用占主导； 难处理、难降解废水也可适合，这里需要加强后续电解－催化氧化设计； 含油量高的场合可以适当增加预处理，本工艺在 200mg/L 以下可以稳定运行

由此可见，FBAF－电解催化使用范围广，占地面积小，效率高，无论高盐废水、难降解废水都可使用，针对海上平台生活污水，其应更是充分发挥处理效率高、运行稳定，无人值守等特点。经平台使用验证，可以在平台大量推广使用。

3 海上低盐废水 FBAF－电催化氧化污水处理装置原理和结构

海上 FBAF－电催化氧化污水处理装置原理是先进的，而且针对海上污水：淡水场合，淡水和海水混合场合，其适用范围广、工艺技术可行。经过陆地和海上平台多次验证，并在海上平台改造实践，证明其有效和先进性。在以下章节陆续进行阐释。

海上平台生活污水主要为灰水和黑水，包括餐厅污水、洗浴洗漱废水、冲厕废水等，以前由于要求较低、污水处理后排海，固体垃圾密封由通勤船带回陆地。

现因排海要求的需要，对上述废水进行进一步处理以便回用。

处理后出水可达到回注水水质标准。

3.1 概况

海上平台生活污水包括黑水和灰水。黑水来自于大小便及冲洗水等，灰水来自洗手、洗浴、地漏、餐厨废水等。目前，近海平台冲厕废水采用淡水冲洗，其他则来自生活淡水。

黑水和灰水混合后进入污水处理装置。目前的生活污水处理设备采用生物处理工艺。处理黑水和灰水混合废水。黑水先进入生活污水处理装置，经过调质预处理后再和灰水混合，经过一级生物处理、沉淀、二级生物处理后由紫外线消毒后外排。产生的污泥进入污泥池。污泥池定期排泥。

现有生活污水处理装置设备处理能力一般按照船舶污水处理装置设计，导致其处理能力设计不足，加上平台由于维修维护等导致人员波动较大，很多平台在修井、大修时，人员远远超标，实际进水水量超过设计的一倍设置更多，很多平台污水处理设备目前出水水质 COD 高达 414～548mg/L，无法达到排海标准；因此需要改造，提高排放标准和增加处理能力确保处理后出水达到 MEPC 排放标准。

3.2 FBAF 工艺设计

3.2.1 关键设计参数

对 FBAF 反应器，有效生物膜净面积是关键的设计参数。FBAF 负荷常表示为载体表

面积去除率（SAAR）或载体表面积负荷（SALR）。当主体基质浓度较低（比如 S ≫ K）时，FBAF 的基质去除率为零级反应。当主体基质浓度较低（比如 S ≫ K）时，FBAF 的基质去除率则为一级反应。在可控条件下，载体表面积去除率（SAAR）与载体表面积负荷（SALR）的关系见式（3-1）。

$$r = r_{max} \cdot [L/(K+L)] \tag{3-1}$$

式中 r——去除率，g/（m^2·d）；

r_{max}——最大去除率，g/（m^2·d）；

L——负荷率，g/（m^2·d）；

K——半饱和常数。

3.2.2 碳类物质去除

去除碳类物质所需的载体表面积负荷（SALR）取决于处理目的和泥水分离方法。表 3-1 给出了常用的针对不同应用目的的 BOD 负荷范围。当下游为硝化时，应采用较低的负荷值。只有仅考虑碳类物质去除时，才可采用高负荷。经验表明，对于碳类物质的去除，主体液相中的溶解氧为 2～3mg/L 即可，再增加溶解氧浓度对提高载体表面积去除率（SARR）并无意义。

表 3-1 BOD 负荷

应用目的	单位载体表面积的 BOD 负荷（SALR）/［g/(m^2·d)］
高负荷（75%～80%的 BOD 去除率）	>20
常规负荷（80%～90%的 BOD 去除率）	5～15
低负荷（硝化前）	5

3.2.3 高负荷 FBAF 设计

要满足二级处理基本标准但场地紧凑时，可采用高负荷系统 FBAF 反应器。当 FBAF 高负荷运行时，其载体表面积负荷（SALR）值较高，此时的主要目的是去除进水中溶解性和易降解的 BOD。在高负荷下，脱落生物膜丧失了沉降性，因此对高负荷 FBAF 的出水，常采用化学混凝、气浮或固体接触工艺来去除悬浮固体。虽然如此，但总体来说，此工艺是能在较短的 HRT 下可满足二级处理基本标准的简洁工艺。图 3-1、图 3-2 给出了高负荷 FBAF 的研究结果。

3.2.4 低负荷 FBAF 设计

当 FBAF 置于硝化反应器之前时，最经济的设计方案是去除有机物时考虑采用低负荷 FBAF。这样其下游的硝化 FBAF 反应器可获得较高的硝化速率。如果硝化 FBAF 的 BOD 负荷没能降低到足够程度，硝化速率会大幅降低，从而使反应器处于低效状态。

图 3-3（a）表示了增加 BOD 负荷对载体硝化率的影响。这是在前段去除有机物时，

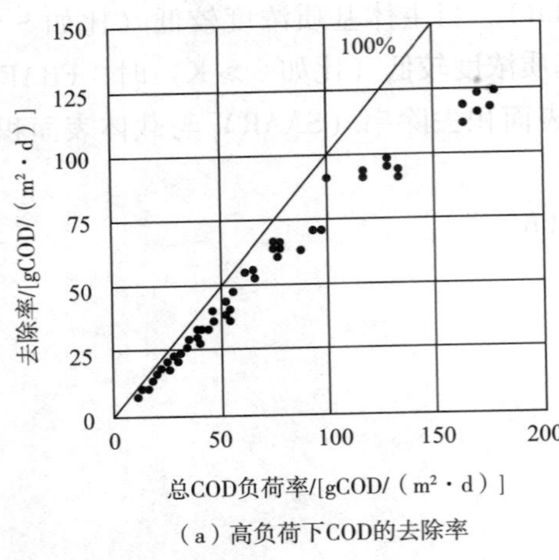

（a）高负荷下COD的去除率

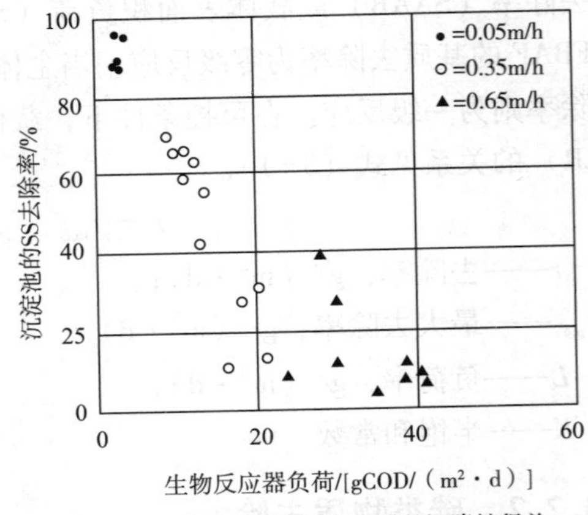

（b）高负荷下脱落生物膜的沉降性很差

图 3-1　高负荷下 COD 的去除率和沉淀池的 SS 去除率

使用说明：图 3-1（a）说明 FBAF 对 COD 的去除非常有效，在很大的负荷范围内基本上是线性关系。图 3-1（b）说明 FBAF 出水的沉淀性非常差，甚至在很低的表面溢流率下，沉降性也依然不好，这说明确实需要采用加强固体捕获的策略。新西兰的 MaoPoint 污水处理厂采用了移动床/固体接触工艺。

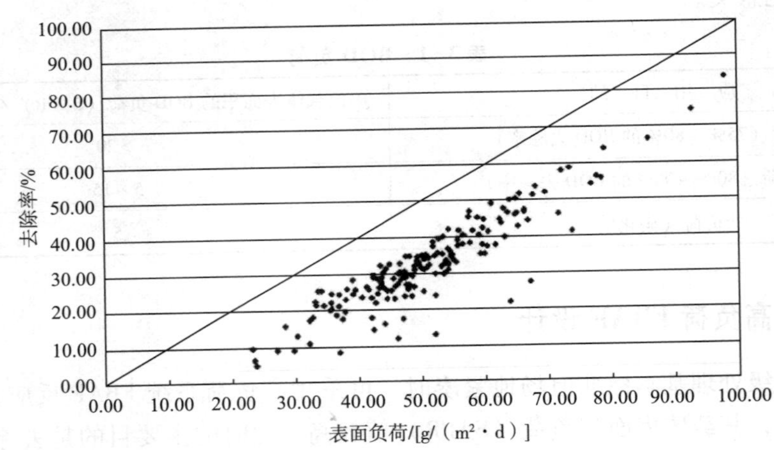

图 3-2　在高负荷移动床中溶解性 BOD 去除率与总 BOD 负荷的关系

使用说明：图 3-2 说明高负荷移动床的 BOD 去除率典型值是 70% ~75%。生物絮凝和采用固体接触工艺的进一步处理使该工艺能满足二级处理基本标准。

BOD 负荷过高导致后段硝化负荷过重的例子。图中当 BOD 负荷为 2.0g/（m^2·d）和主体液相的溶解氧为 6mg/L 时，硝化率为 0.8g/（m^2·d）。但当 BOD 负荷升至 3g/（m^2·d）时，硝化率下降约 50%。为此，运行人员可提高主体液相中的溶解氧浓度或增加填充比来减少表面负荷率。但须注意，由于缺乏经济性和有效性，设计时千万不可这样。设计去除 BOD 的 FBAF 时，应采用保守的做法，选择低负荷率来确定其尺寸才能在其下游的硝化 FBAF 中获得最大效率。

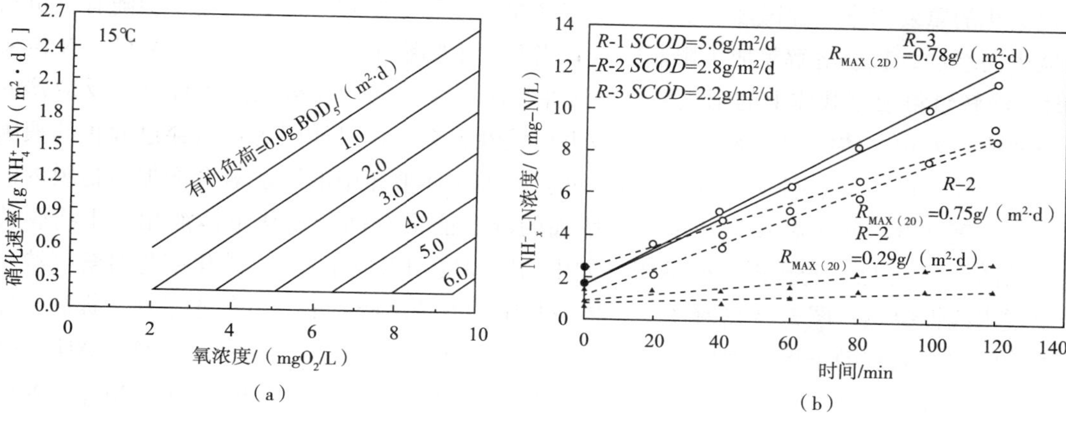

图 3-3（a）15℃时 BOD 负荷和溶解氧对硝化率的影响及
（b）FBAF 系列中不同 FBAF 反应器的硝化率差别

图 3-3（b）是三级好氧 FBAF 的硝化速率情况。在图 3-3（b）的研究中，将每一个 FBAF 内的载体取出进行了硝化率的小试。小试持续 6 周并进行了 2 次。在每次小试中，三个小试反应器条件几乎完全相同（比如溶解氧、温度、pH 和氨氮的初始浓度）。实验结果表明，第一级反应器溶解性 COD 的负荷最高［5.6g/（m^2·d)］，几乎没有硝化效果，但在去除 COD 负荷方面却效率很高。这表现在以下方面：

（1）第二级反应器的硝化率很高，与第三级的接近；

（2）第二级和第三级的溶解性 COD 负荷差别不大。

对于低负荷反应器的设计，保守地选择载体表面积负荷（SALR）非常重要。可采用式（3-2）根据污水的温度对载体表面积负荷（SALR）进行修正：

$$L_T = L_{10} 1.06^{(T-10)} \tag{3-2}$$

式中 L_T——温度 T 时的负荷；

L_{10}——10℃时的负荷，为 4.5g/（m^2·d）。

3.2.5 硝化设计

有些因素对硝化 FBAF 的性能影响很大，设计硝化 FBAF 时必须考虑。最重要的因素有：①有机负荷；②溶解氧浓度；③氨浓度；④污水浓度；⑤pH 或碱度。

图 3-3 表明，要在下游的 FBAF 中获得满意的硝化率，上游的 FBAF 中去除污水中的有机物是非常重要的，否则，异氧生物膜会与之竞争空间和氧，从而减少（灭绝）生物膜的硝化活性。在溶解氧成为限制性因素之前，硝化率会随着有机负荷的降低而增加。只有氨的浓度非常低（<2mgN/L）时，可利用基质（氨）才会成为限制因素。由此，要完全硝化时氨的浓度才是问题。可采用 2 个序列反应器，第一级反应器受氧的限制而第二级受氨的限制。所有生物处理工艺面临的一样问题，温度对硝化率影响甚大，但可通过提高 FBAF 内溶解氧来缓解。当碱度降到很低时，生物膜内的硝化率开始受到限制。以下讨论

影响硝化的重要因素。在碱度和氨浓度足够（至少刚开始足够）时，硝化率会随有机负荷的减少而增加，直至溶解氧成为限制因素。当硝化生物膜生长良好时，O_2：NH_4^+-N 值 < 2 时，溶解氧将限制载体上的硝化率。与活性污泥系统不同，在氧限制条件下，反应器的反应速率与液相主体中的溶解氧呈线性或近似线性关系。这可能因为：氧穿过静止的液膜进入生物膜内可能是限制氧传递的关键步骤。增加主体液相中的溶解氧会增加生物膜内的溶解氧浓度梯度。在较高曝气速率下，增加的混合能也有助于氧从主体液相向生物膜传递。从图 3-3 可见，若有机负荷不变（如生物膜厚度和组成不变），硝化率与溶解氧浓度会呈现出线性关系。图 3-4 解释了当主体液相中的氨浓度降到非常低的水平前，提高主体液相中的溶解氧有助于提高硝化率。对于生长良好的“纯”硝化生物膜，在 O_2：NH_4^+-N 达到 2 ~ 5 之前，主体液相中的氨浓度不会影响反应速率。表 3-2 给出了 O_2：NH_4^+-N 的一些例子。

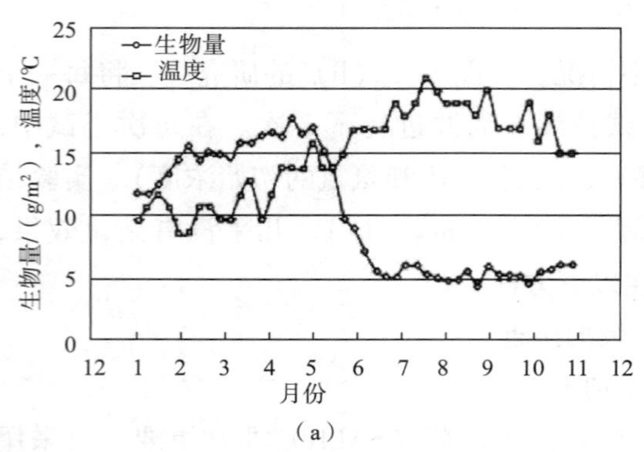

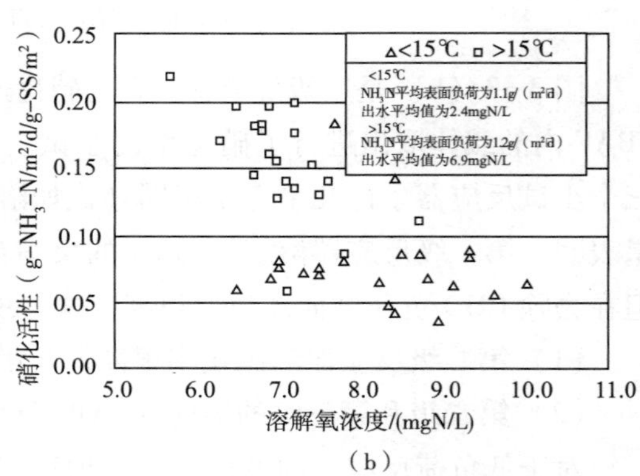

图 3-4（a）三级硝化的 FBAF 中，生物量浓度和温度的季节性变化及（b）不同温度条件的硝化活性与溶解氧浓度的关系

表 3-2　O_2：NH_4^+-N 的一些例子

参考文献	O_2：NH_4^+-N
Hem 等（1994）	<2（氧限制） 2.7（临界 O_2 浓度 = 9 ~ 20mg/L） 3.2（临界 O_2 浓度 = 6mg/L） >5（氨限制）
Bonomo 等（2000）	>3 ~ 4（氨限制） <1 ~ 2（氧限制）

设计 FBAF 时常以临界值 3.2 为起点开始进行设计。临界值是可调的。采用式 (3-3)，利用此临界值下的氨浓度可估计出合适的硝化率，并以此作为设计基础。

$$r_{NH_3-N} = k \times (S_{NH_3-N})^n \tag{3-3}$$

式中　r_{NH_3-N}——硝化率，$gr_{NH_3-N}/(m^2 \cdot d)$；

k——反应速率常数（与地点和温度有关）；

S_{NH_3-N}——限制反应速率的基质浓度；

n——反应级数（与地点和温度有关）。

给定溶解氧浓度时，反应速率常数（k）与生物膜厚度和限制性基质的扩散系数有关。反应级数（n）与毗邻生物膜的液膜有关。当紊流剧烈、静止液膜层比较薄时，反应级数趋向0.5；当紊流缓慢、静止液膜比较厚时，反应级数趋向1.0，此时扩散成为速率的限制因素。

临界值下的氨浓度（S_{NH_3-N}）可通过临界比和主体液相中的设计溶解氧来估计。提高主体液相中的溶解氧有助于减少临界比，但收效甚微。另外，在反应器某负荷和混合条件下，异养菌对空间有竞争从而使氧通过生物膜上的异养层时减少。

$$(S_{NH_3-N}) = 1.72mg-N/L = (6mgO_2/L - 0.5mgO_2/L) /3.2$$

由此，假定 $k=0.5$、$n=0.7$ 时，按公式（3-3）计算：

$$r_{NH_3-N} = 0.73g/(m^2 \cdot d) = 0.5 \times 1.72^{0.7}$$

当考虑温度对硝化 FBAF 的影响时，有几个因素非常重要。应考虑到 FBAF 内的污水温度会从本质上影响到生物硝化动力学过程；影响到基质扩散进出生物量的速率；影响到液体的黏度，反过来可能波及到剪切能对生物膜厚度的影响。温度对上面介绍的宏观反应速率的影响可用式（3-4）表示：

$$k_{T_2} = k_{T_1} \cdot \theta^{(T_2-T_1)} \tag{3-4}$$

式中 k_{T_1}——温度为 T_1 时的反应速率常数；

k_{T_2}——温度为 T_2 时的反应速率常数；

θ——温度系数。

虽然在冬季设计温度下，硝化动力学对温度的依赖性会降低 FBAF 的硝化速率，但低温时可观察到载体上的生物膜浓度增加，另外可提高反应器内的溶解氧浓度，这都能减轻温度对硝化速率的负影响。在污水温度较低时，可观察到生物量（g/m^2）较高。另外，无需提高曝气速率就可使主体液相的溶解氧浓度增加，这是因为氧在低温液体的溶解度较高的缘故。这样导致的最终结果是：虽然比生物膜活性［$gNH_3-N/(m^2 \cdot d) \div gSS/m^2$］降低，但单位载体表面积的硝化活性依然可维持在较高水平。

图3-4（a）给出了某三级硝化 FBAF 的生物量随污水温度的季节性变化。当在五月和六月间，污水温度从低于15℃升高到高于15℃时，生物量浓度陡然下降。图3-4（b）按照污水温度（低于15℃和高于15℃）将数据分为两个区。尽管在低于15℃的区域，生物膜比活性降低，但由于总生物量浓度较高和溶解氧浓度较高（低温下气体溶解度升高导致的），反应器宏观性能依然很高。这个现象说明在低温条件下，尽管硝化菌生长速率下降，但由于生物膜的自适应性，载体上的宏观表面反应速率依然可以保持在较高水平。

3.3 电解工艺

电解处理有机废水，是将废水注入电解槽，利用直流电和催化剂进行电解，通过电极上或溶液中所发生的电化学或化学氧化还原反应，将有机物分解，或使其转化为一些无害的物质，也可以通过电化学反应中的一些物理化学作用，将有机物从废水中分离出来使其净化。

在废水进行电解反应时，废水中有毒物质、污染物在阳极和阴极分别进行氧化还原反应，结果产生新物质。这些新物质在电解过程中或沉积于电极表面或沉淀下来或生成气体从水中逸出，从而降低了废水中有毒物质、污染物的浓度。电解——电解质溶液在电流和催化剂的作用下，发生电化学反应的过程称为电解法。像这样利用电解的原理来处理废水中有毒物质、污染物的方法称为电解法。

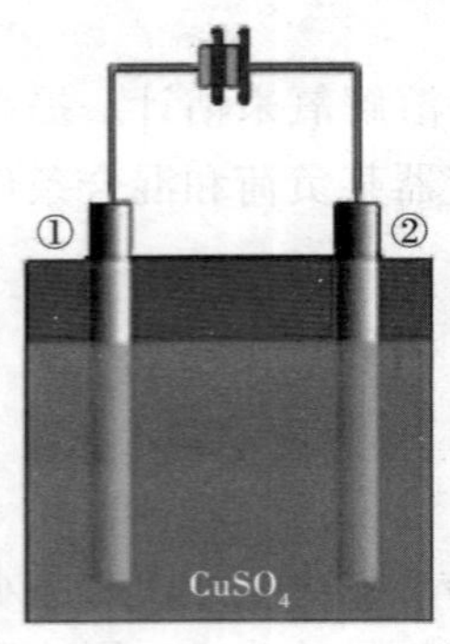

图 3-5　电解示意图

阴极——与电源负极相连的电极，从电源接受电子。阴极放出电子，使废水中某些阳离于因得到电子而被还原，阴极起还原剂的作用。

阳极——与电源正极相连的电极，把电子转给电源。阳极得到电子，使废水中其些阴离子因失去电子而被氧化，阳极起氧化剂的作用。

电解包括阴极和阳极（图 3-5）：

电极①：与外电源负极相接，是负极。发生还原反应，是阴极。

$$Cu^{2+} + 2e^- \rightarrow Cu\ (S)$$

电极②：与外电源正极相接，是正极。发生氧化反应，是阳极。

$$Cu\ (S) \rightarrow Cu^{2+} + 2e^-$$

3.3.1　法拉第电解定律

实验表明，电解时在电极上析出的或溶解的物质质量与通过的电量成正比，并且每通过 96487C 的电量，在电极上发生任一电极反应而变化的物质质量均为 1mol，这一定律称为法拉第电解定律，可用式（3-5）表示：

$$G = 1/F \times E \times Q \text{ 或 } G = 1/F \times E \times I \times t \tag{3-5}$$

式中 G——析出的或溶解的物质质量，g；

E——物质的化学当量，g/mol；

Q——通过的电量，C；

I——电流强度，A；

t——电解时间，s；

F——法拉第常数，$F = 96487$C/mol。

$$6.02 \times 10^{23} \times 1.602 \times 10^{-19} = 96484\text{C/mol} \approx 96500\text{C/mol} = 1\text{F}\ (\text{法拉第常数})$$

法拉第定律是一个从电解过程中总结出来的准确定律，但它对原电池也同样适用。该定律不受温度、压力、电解质溶液的组成和浓度，电极的材料和形状等任何因素的影响，在水溶液中，非水溶液中或熔融盐中均可使用。

必须注意，在实际电解过程中，由于发生某些副反应，所以实际消耗的电量比理论值大得多。为了便于说明这个问题，提出了电流效率的概念，定义如下：

电流效率 =（根据法拉第定律计算所需要的电量/实际消耗的电量）×100%

或

电流效率 =（实际获得所需产物质量/根据法拉第定律计算应得所需产物质量）×100%

实际电解过程的电流效率一般都小于100%。如工业上电解精炼铜时，电流效率通常在95%～97%，电解制铝的电流效率约90%。引起电流效率小于100%的原因一般有以下两种：

（1）电极上有副反应发生，消耗了部分电量。例如镀锌时，阴极上除了有 Zn^{2+} 发生还原的主反应外，还有 H^+ 发生还原的副反应。

（2）所需要的产物因一部分发生次级反应（如分解、氧化、与电极物质或溶液中的物质反应等）而被消耗。例如，电解食盐水溶液时，阳极上产生的 Cl_2 又部分溶解在电解液中，形成次氯酸盐和氯酸盐。

3.3.2 分解电压

电解过程中所需要的最小外加电压与很多因素有关。通常，通过逐渐增加两极的外加电压来研究电流的变化。当外加电压很小时，几乎没有电流通过。电压继续增加，电流略有增加。当电压增到某一数值时，电流随电压增加几乎呈直线关系急剧上升。这时在两极上才明显地有物质析出。能使电解正常进行时所需的最小外加电压称为分解电压。

产生分解电压的原因有以下几个方面：首先电解槽本身就是某种原电池。由原电池产生的电动势同外加电压的方向正好相反，称为反电动势。那么是否外加电压超过反电动势就开始电解呢？实际上分解电压常大于原电池的电动势。这种分解电压超过原电池电动势的现象称为极化现象。

另外，当通电进行电解时，因电解液中离子运动受到一定的阻碍，所以需一定外加电压加以克服。其值为 IR，I 为通过的电流，R 为电解液的电阻。

实际上，分解电压还与电极的性质、废水性质、电流密度（单位电极面积上流过的电流，A/cm^2）及温度等因素有关。

3.3.3 电解浓差极化

电极的极化作用主要表现为浓差极化和电化学极化。浓差极化主要表现在电解浓差极化和膜分离化学浓差极化（图3-6）。

（1）电流通过电池或电解池时，如整个电极过程为电解质的扩散和对流等过程所控制，则在两极附近的电解质浓度与溶液本体就有差异，使阳极和阴极的电极电位与平衡电极电位发生偏离，这种现象称为“浓差极化”。

（2）膜分离过程中的一种现象，会降低透水率，是一个可逆过程。是指在超滤过程中，由于水透过膜而使膜表面的溶质浓度增加，在浓度梯度作用下，溶质与水以相反方向向本体溶液扩散，在达到平衡状态时，膜表面形成一溶质浓度分布边界层，它对水的透过起着阻碍作用。

由于在进行电解时两极析出的产物构成了原电池，此电池电位差也和此外加电压方向相反。这种现象称为化学极化。

电解过程中的浓差极化示意如图 3－7 所示。

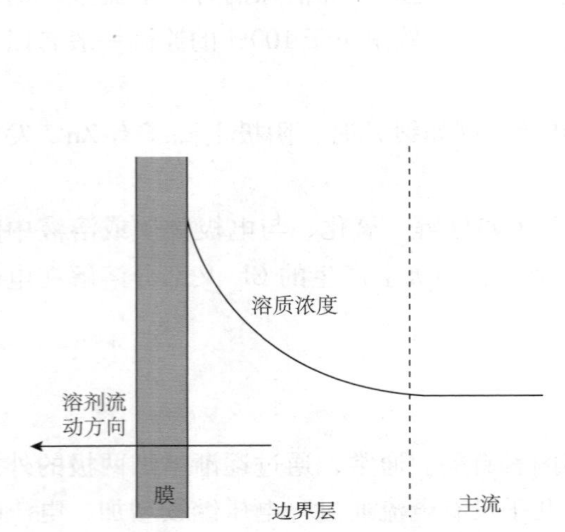

图 3－6　膜分离化学浓差极化

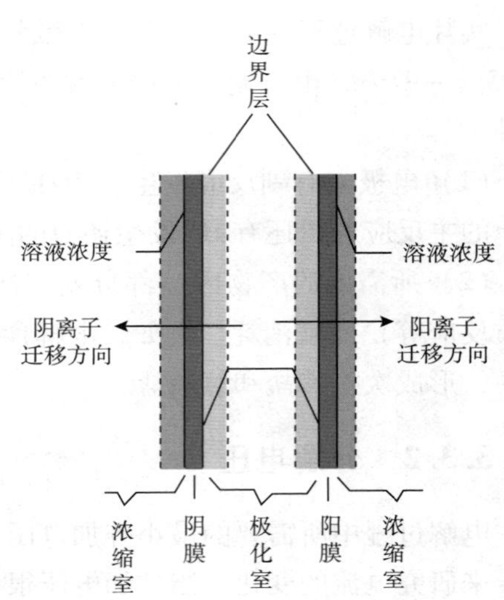

图 3－7　电解浓差极化

因电解槽中电极界面层溶液离子浓度与本体溶液浓度不同而引起电极电位偏离平衡电位的现象，是电极极化的一种基本形式。

电解过程中溶液在电解槽内出现的这种浓度差异，是由于液相传质，即通过界面层溶液的扩散速度跟不上电解速度引起的。结果，当电极反应在一定电流密度下达到稳定后，阴极界面层溶液的浓度必低于本体溶液；而在阳极，例如可溶阳极，界面层溶液的浓度必高于本体溶液。根据能斯特（W. Nernst）电位方程，这两种情况都要导致电极电位偏离按本体溶液浓度计的平衡电位：阴极电势变小（向负方向移动），阳极电势变大（向正方向移动），即发生了电极的浓差极化。

浓差极化随电流密度增加而增大。浓差极化是大电流密度下产生的主要极化形式。浓差极化 η 的大小用浓差超电位钕 £ 表示，阴极浓差超电位与电流密度 i 的关系为：

$$\eta_{浓差,阴} = \frac{RT}{\eta F}\ln(1 - \frac{i}{i_{极限}}) \tag{3-6}$$

式中，i 极限为正离子一到达阴极表面便被立即还原，致使界面层溶液中该离子浓度趋于零的电流密度，称极限电流密度。极限电流密度由实验确定，它相当于阴极极化曲线出现水平段时的电流密度。极限电流密度越大，容许的电流密度上限越大，对电解和电镀越有利。提高电解质溶液的浓度、搅拌和加热溶液，都能提高极限电流密度。

浓差极化对金属电解、电镀没有任何好处，它使槽电压升高，电耗增大，并使阴极沉积或镀层质量恶化，甚至造成氢的析出和杂质金属离子的放电。浓差极化可以通过搅拌、加热溶液或移动电极而消除至一定限度，但由于电极表面扩散层的存在而不能完全避免。

3.3.4 电解槽的结构形式和极板电路

电解槽的形式多采用矩形。按水流入式可分为向流式和翻腾式两种，如图3-8所示。回流式电解槽内水流的路程长，离子能充分地向水中扩散，电解槽容积利用率高，但施工检修困难。翻腾式的极板采取悬挂方式固定，防止极板与池壁接触，可减少漏电现象，更换极板较回流式方便，也便于施工维修。

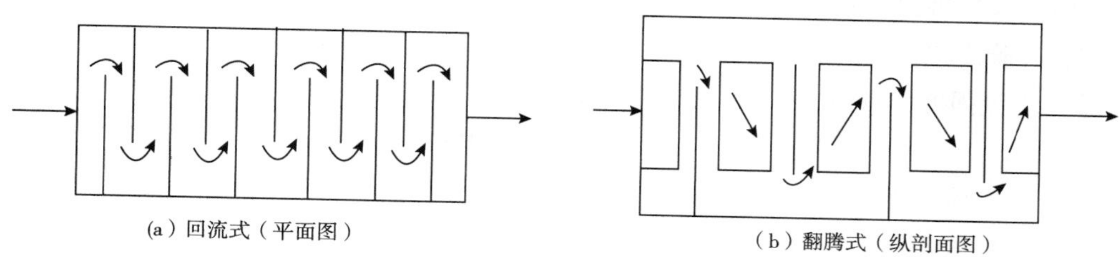

图3-8 电解槽

极板间距对电耗有一定的影响。极板间距越大，则电压就越高，电耗也就越高，但极板间距过小，不仅安装不便，材料用量也大，而且给施工带来困难，所以极板间距应综合考虑各种因素后确定。

电解法采用直流电源。电源的整流设备应根据电解所需的总电流和总电压进行选择。

目前，国内采用的电解槽，根据电路分单极性电解槽和双极性电解槽两种，如图3-9所示。

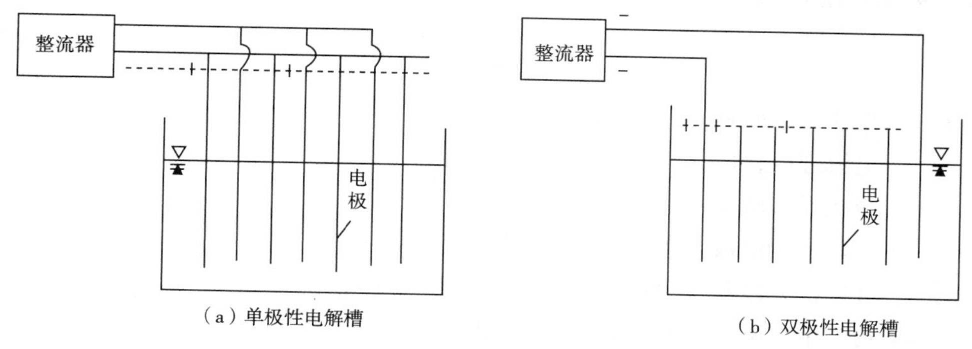

图3-9 电解槽的极板电路

双极性电解槽较单极性电解槽投资少。另外，在单极性电解槽中，有可能由于极板腐蚀不均匀等原因造成相邻两块极板碰撞，会引起短路而发生严重安全事故。而在双极电解槽中极板腐蚀较均匀，相邻两块极板碰撞机会少，即使碰撞也不会发生短路现象。因此，采用双极性电极电路便于缩小极距，提高极板的有效利用率，降低造价和节省运行费用。

出于双极性电解槽这些优点，所以国内采用的比较普遍。

3.3.5 电解槽工艺设计

电解槽工艺设计，简单介绍如下：

（1）电解槽有效容积：

$$W = \frac{Qt}{60} \tag{3-7}$$

式中 t——电解时间，min；

Q——废水设计流量，m^3/h。

此时间根据进出水水质选择，也和电解电流强度、密度有关，有的需要根据实验和实际研究、经验确定。

（2）电流强度 I（A）：

$$I = (n-1) i_F F/100 \tag{3-8}$$

式中 I——电流强度，A；

i_F——电流密度，A/m^2；

F——极板面积，dm^2；

n——电极并联次数，为并联极板数减1。

相关参数经验取值如下：

①电流密度一般应小于150～200A/m^2；

②电絮凝电流密度在20～25A/m^2，极间距15～20mm，HRT5－20min；

③电气浮电流密度在30～100A/m^2，极间距15～20mm，HRT5－20min。

（3）极板面积 F（dm^2）：普通碳素钢板，$\delta = 3 \sim 5$mm，极板间净距 $S = 10$mm；极板消耗量：4～5g/还原1gCr^{6+}。

$$F = \frac{I}{\alpha m_1 m_2 i_F} \tag{3-9}$$

式中 F——单块极板面积，（dm^2）；

I——电流强度，（A）；

α——极板面积减少系数，0.8；

m_1——并联极板组数（若干段为一组）；

m_2——并联极板段数（每一串联极板单元为一段）；

i_F——极板电流密度，取0.15～0.3A/dm^2。

（4）电压 U（V）：

$$U = nU_1 + U_2 \tag{3-10}$$

式中 U——计算电压伏，V；

U_1——极板电压降，V，取3～5V；

U_2——导线电压降，V。

（5）极板电压降 U_1（V）：

$$U_1 = a + bi_F \tag{3-11}$$

式中 a——电极表面分解电压，无实验资料时，a 取 1V；

b——板间电压计算系数，Vdm^2/A。

（6）电能消耗 N（$kW \cdot h/m^3$）：

$$N = \frac{IU}{1000Q\eta} \tag{3-12}$$

式中 η——整流器效率，无实测数值，用 0.8；

Q——废水设计流量，m^3/h。

根据处理的原理和过程的不同，电解法处理有机废水可以分为以下几种类型：

（1）电凝聚法。

该法是利用可溶性阳极，如铁或铝电极，在电解时产生相应的金属离子，进入溶液中生成具有絮凝剂作用的胶体状氢氧化物，使水中悬浮的有机物发生凝聚而沉淀。此种方法的优点是不需外加混凝剂，而且电解生成的絮凝剂具有很强的吸附能力，能有效地除去废水中的胶体和悬浮物质。此法一般用于含油及表面活性物质的废水的处理，对染色废水也有较好的处理效果，能使 BOD、COD 及色度大大降低。

（2）电气浮法。

采用不溶性阳极，如石墨、铂及二氧化铅、二氧化钌等金属氧化物电极，电解时电极上析出大量微小的气泡（阳极上析出氧气，阴极上析出氢气），这些气泡分散度高，并以 1.5～4cm/s 的速度上升，具有较大的浮载力。在气泡上浮时，可将水中的油粒及悬浮物质携带到液体表面而除去。为了提高该法的处理效果，同时还加入少量的混凝剂，以利于絮凝物的生成。因此，采用这种方法处理染料、造纸、皮革等工业有机废水，在槽内将同时存在着凝聚、吸附、浮升等过程，利用这些作用同样可以达到脱色降低 BOD、COD 之目的。

（3）间接电氧化法。

该法通常是采用石墨、二氧化铅等不溶性阳极，对含有一定量氯离子的有机废水进行电解，在阳极上析出氧气和氯气，由于新生态的氧和氯具有很强的氧化性，能使水中溶解的有机物质发生强烈的氧化而分解。

此法一般对含氧有机物废水的处理效果比较明显。以处理含酚废水为例，其反应过程可表示如下：

①首先在阳极上析出氧气和氯气：

$$2Cl^- 2e = Cl_2 \uparrow$$

$$4OH^- 4e = 2H_2O + O_2 \uparrow$$

②进而在水中发生下列化学反应：

$$Cl_2 + H_2O^- = HClO + HCl$$

$$HClO + OH^- = H_2O + ClO^-$$

③反应生成的 ClO^- 又可在阳极氧化生成氯酸和初生态氧：

$$12ClO^- + 6H_2O - 12e^- = 4HClO_3 + 8HCl + 6[O]$$

④阳极反应产生的初生态氧和氯与酚发生化学氧化作用，最终生成 CO_2 和 H_2O。

$$C_6H_5OH + 14[O] = 6CO_2\uparrow + 3H_2O$$

$$C_6H_5OH + 8Cl_2 + 7H_2O = \begin{matrix}CH-COOH\\ \| \\ CH-COOH\end{matrix} + 16HCl + 2CO_2\uparrow$$

（4）直接电氧化法。

许多有机物特别是易被氧化的物质，如醇、醛、酚等，在阳极上可以发生类似强氧化剂引起的氧化反应，例如酚可以在阳极直接被氧化而生成一系列新的物质：

$$\text{C}_6\text{H}_5\text{OH} \longrightarrow \text{HO-C}_6\text{H}_4\text{-OH} \longrightarrow \text{O=C}_6\text{H}_4\text{=O} \longrightarrow \begin{matrix}HC-COOH\\ \| \\ HC-COOH\end{matrix}$$

有机电化学的研究表明，在一定条件下，由于阳极氧化的结果，脂肪族的酸、醇和醛类可以完全分解为 CO_2 和 H_2O。在酸性介质中，有机物在阳极上氧化的规律，一般是醇类先被氧化为醛，而后又被氧化为酸，最终产物为 CO_2 和 H_2O。

此法适用于含较高浓度可溶性有机物废水的处理，而当废水中的有机物浓度较低时，由于有机物在电极上直接发生电化学氧化还原反应的可能性较小，处理过程则多为间接的氧化还原反应。

3.4 电催化氧化工艺

3.4.1 原理

电化学氧化有机物是一个较复杂的过程，其过程研究还在探索之中。有研究者认为氧化机理包括了高电势下产生的羟基自由基与污染物分子的作用，以及有机物分子在电极表面的电子直接传递作用。阳极表面上的氧化过程分两个阶段进行，阳极氧化物分子空穴（以 $MO_x[\ ]$ 表示）与吸附于电极表面的水分子发生如下反应，生成羟基自由基。

$$MO_x[\ ] + H_2O \longrightarrow MO[\cdot OH] + H^+ + e^- \quad (3-13)$$

羟基自由基是具有高度活性的强氧化剂，其对有机物的氧化作用可以如下三种反应进行：

（1）脱氢反应：　$RH + \cdot OH \longrightarrow H_2O + \cdot R$　（3-14）

（2）亲电加成：　$\cdot OH + PHX \longrightarrow \cdot HOPHX$　（3-15）

（3）电子转移：　$\cdot OH + RH \longrightarrow \cdot RH^+ + OH^-$　（3-16）

形成活化的有机自由基，使其更易氧化成其他有机物或产生自由基连锁反应，从而使有机物迅速降解。

按照氧化作用机制的不同，阳极氧化可分为直接氧化和间接氧化两种方式。在电化学直接氧化工艺中，有机物首先吸附在电极表面，然后通过有机物与电极之间的直接电子传递，使有机物降解。间接氧化就是利用电极表面产生的强氧化剂（如 H_2O_2、次氯酸、Fenton 试剂、金属氧化还原电对等），使有机物被氧化降解。图 3-10 显示了直接氧化和间接氧化两种工艺的作用机理。

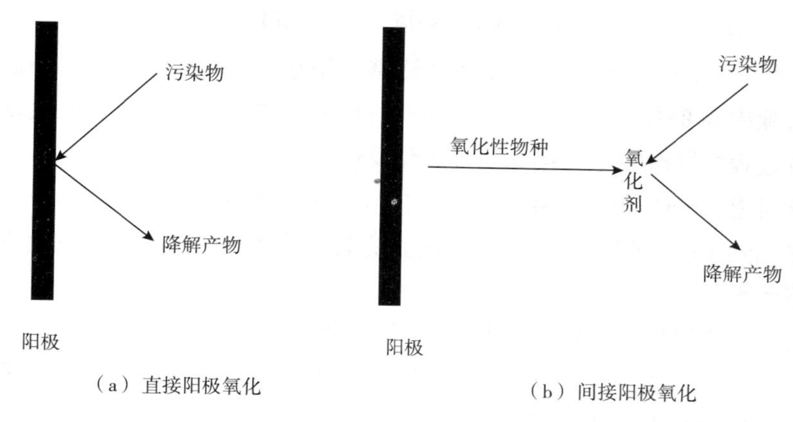

图 3-10　阳极直接和间接氧化反应简图

关于阳极氧化降解有机物的机理有很多种，其中被研究者广泛接受的是由 Comninellis 提出的金属氧化物的吸附羟基自由基和金属过氧化物理论，按照该理论，在电催化氧化过程中，酸（或碱）溶液中的 H_2O（OH^-）首先在阳极表面放电并生成羟基自由基（·OH）吸附在电极表面，即式（3-17）。

$$MO_x[\ ] + HO \longrightarrow MO_x[\cdot OH] + H^+ + e^- \qquad (3-17)$$

吸附的·OH 可能与阳极材料中的氧原子相互作用，自由基中的氧原子通过某种途径进入阳极金属氧化物 MO_x 的晶格中，形成所谓的过氧化物 MO_{x+1}，即式（3-18）。

$$MO_x[\cdot OH] \longrightarrow MO_{x+1} + H^+ + e^- \qquad (3-18)$$

因此，在阳极表面可能存在两种状态的“活性氧”，一种是物理吸附的活性氧，即吸附的·OH。另一种是化学吸附的活性氧，即进入氧化物晶格中的氧原子。当没有可被氧化的有机物存在时，物理吸附活性氧和化学吸附活性氧会生成氧气，反应方程式如下所示：

$$2MO_x[\cdot OH] \longrightarrow 2MO_x + O_2 + 2H^+ + 2e^- \qquad (3-19)$$

$$2MO_{x+1} \longrightarrow 2MO_x + O_2 \qquad (3-20)$$

当有目标有机物基质存在时，物理吸附活性氧在“电化学燃烧”过程中起主要作用，而化学吸附活性氧则主要参与“电化学转化”过程，即对有机基质进行有选择性的氧化。也就是说，若只对有机物进行选择性氧化，即发生电化学转化，就要求电极表面的活性吸附点浓度低，而氧化物晶格内有高浓度氧空位。反之，则要求电极表面上有高浓度活性吸附点，而氧化物晶格内的氧空位浓度非常低。由此可见，阳极材料对处理效果有着非常大的影响，甚至改变降解的途径。

目前，用电化学氧化水处理有机污染物主要集中在具有生物毒性的芳香族化合物和染料废水的去除方面，污染物涉及苯酚、苯醌、氯酚类、氯苯、苯胺等。方战强等以 Ti/RuO_2 作阳极，不锈钢为阴极，对某印染厂经初级处理的废水进行电化学深度处理，在一定电压（5~8V）和电流密度（5~8A·cm^{-2}）条件下，电解 18min，COD_{Cr} 去除率达到 30%~50%；当采用三维电极时，COD_{Cr} 去除率达到 50%~80%。Naumczyk 等采用 Ti/RuO_2 电极处理印染废水，在 600A·m^{-2} 电流密度下电解 60min，COD_{Cr} 去除率达 85%~90%，TOC 去除率为 85%。Iniesta 等用硼掺杂金刚石电极为阳极处理含酚废水，发现苯酚在电化学降解过程中同时发生直接和间接氧化反应。

根据文献报道，SnO_2 电极可将废水中每千克 COD_{Cr} 当量的有机污染物电化学氧化所需的电能比耗降低到 30~50kW·h，这就使该方法取代使用诸如臭氧或过氧化氢对有机物进行化学氧化成为可能。

早在 20 世纪 40 年代，国外就有人提出利用电化学方法处理废水，但由于当时电力缺乏，且成本较高，因此该方法发展缓慢。60 年代初期，随着电力工业的迅速发展，电化学水处理技术开始引起人们的注意。自 80 年代以来，随着人们对环境科学认识的不断深入和对环保要求的日益提高，电化学水处理技术因其具有其他废水处理方法难以比拟的优越性而引起了广大环保工作者的极大兴趣。国外研究者对阳极氧化工艺进行了较全面的研究，污染物涉及苯酚、苯醌、氯酚类，系统地考察了电流密度、反应温度、溶液的 pH、导电介质等因素的影响。电流密度的增加，一般能增加有机物的去除速率，减少降解中间产物，但电化学氧化指数会下降。因此，电流密度的确定，必须综合考虑电流效率、降解中间产物以及电极寿命等因素。一般认为，温度升高促进了电子的传递，加快电极反应，从而提高了有机物降解速度，但温度升高同时也会使催化产生的自由基失活加剧，从而导致反应速率的下降，因此一般存在着较佳的温度范围。导电介质对有机物电催化氧化过程的影响体现在两个方面：一是导电介质浓度增加，意味着导电能力增加，槽电压降低，电能效率提高；二是不同的导电介质会产生不同的电化学反应，如存在氯离子，在阳极会产生氯气，可促进有机物的降解。pH 对有机物降解产物有较大影响，在酸性介质中对苯酚的降解，苯醌和对苯二酚是主要产物；而在碱性介质中，则没有检测到这两种产物，但有聚合物的形成。

3.4.2 电化学氧化技术的研究进展

20 世纪 80 年代以来，人们对电化学氧化技术处理难降解有机物进行了广泛研究。与其他废水处理方法相比，电化学氧化法的竞争力主要取决于电极材料、供电方式以及电极反应器的结构方面。

3.4.2.1 电极材料

国外的实验研究表明，一些金属掺杂的半导体电极对析氧反应具有极高的过电势，而且具有较强的阻止卤素形成的能力，因而在氧化处理难降解有机污染物时具有较高的电流效率，在处理过程中形成有毒卤代化合物的可能性较小。

Kotz 等以及 Comninellis 和 Pulgarin 对 Pt 和 PbO_2 电极与 SnO_2 膜电极进行了比较，这两个瑞士研究小组证明了 Sb－SnO_2 电极对水溶液中酚的氧化效率要比 Pt 和 PbO_2电极高，苯醌的电化学氧化研究表明，影响氧化产物的最主要因素是阳极材料的性质，用掺杂 IrO_2 作阳极，则苯环被打开，最终产物是无毒的羧酸；如果用掺杂 SnO_2 作阳极，则羧酸继续被氧化为 CO_2。

Chiang 等以 PbO_2/Ti 为阳极，铁板为阴极，对木质素、丹宁酸、氯四环素和乙二胺四乙酸的混合废水电化学法处理效果作了评价，发现电化学氧化过程可以有效地破坏这些大分子，处理后废水的可生化降解性有较大的提高。

Naumcyk 等采用 Ti/RuO_2 电极进行了印染废水处理，实验效果明显提高，在一定条件下电解 COD_{Cr}的去除率可以达到85%～90%，TOC 去除率为85%。

国内同样有许多学者从事新型催化电极的研发，贾金平利用活性炭纤维（ACF）电极与铁的复合电极对多种染料废水进行降解实验，通过 ACF 电极的引入，使得电化学处理成为一个自由基反应与絮凝反应相结合的过程，对于多种模拟印染废水可以具有良好的处理效果。

雷斌，薛建军等制备了 Pt－TiO_2 纳米管电极，对甲醇的电催化性能测试表明：同纯 Pt 电极相比，Pt－TiO_2 纳米管电极对甲醇具有更高的电催化活性，其氧化峰电流密度是在纯 Pt 片电极上的20倍以上。

3.4.2.2 供电方式

目前，电催化氧化有机废水的供电方式主要有直流供电和脉冲供电，脉冲电解处理污水三维电极反应器的设计及应用研究以保持处理的效果而比直流电解大幅度降低能耗。例如，高压脉冲电凝聚浮选法对印染废水的色度和 COD_{Cr}均有良好的处理效果，较高的槽电压（300～400V）可以大幅度降低总电流强度和缩短电解持续的时间，脉冲作用可使极板表面减少沉积物，保持高的电流效率。

复极性填充床反应器由无数个微小电解池组成，等同于多个平板电解槽串联而成，恰好能够满足脉冲电解的要求，如将填充床反应器与脉冲供电方式结合起来，电流效率将会大幅度提高。

3.4.2.3 电极反应器的结构

随着对电化学法研究的逐渐加深，人们发现传统的电解反应器采用的是二维平板电极，这种反应器的面/体比（Area-volume Ration）较小，有效电极面积小，传质问题不能很好解决，在实践中难以有突破性进展，不能满足工业应用的要求。因此，如何提高传质效果和电流效率已经成为一个非常重要的问题。20世纪60年代末期，Backhurst 等提出三维电极的概念，又称为粒子电极（Particle Electrode）或床电极（Bed Electrode），是一种新型的电极反应器，是在传统二维电解槽电极间填充粒状或其他碎屑状工作电极材料，使装填工作电极材料表面带电，成为新的一极（第三极），在工作电极表面发生电化学反应，从而使有机物降解。

3.5 催化氧化装置原理及说明

本系统催化氧化包括两方面：一是电解装置在设计采用催化氧化电极及配套催化氧化设备及材料，二是电解中产生、投加的强氧化性物质在催化剂及其载体作用下发生反应。关于电催化氧化电解及其电催化氧化材料，前面已经论述，这里就不再多做阐释。

3.5.1 电催化氧化电极

3.5.1.1 电催化氧化电极的特点

在电催化氧化中，其电极多采用三维复合电极。电催化氧化电极中，常用的填充材料主要有金属导体、铁氧体、镀有金属的玻璃球或塑料球、石墨以及活性炭等，其中以活性炭效果最佳。在实际应用中，仅填充以上这些物质，很难达到理想的工作条件，使去除效果受到限制，因此，常采用添加绝缘物质的方法，如填充石英砂、玻璃珠、有机玻璃片等。近年来，用于电催化氧化电极的新型碳电极材料相继问世，包括有高孔隙率的碳－气凝胶电极（固体基质由相互连接的胶体碳组成，比表面积为 $400 \sim 1000m^2 \cdot g^{-1}$，正常孔尺寸小于50nm），金属－碳复合电极（由金属纤维和碳纤维组成，BET方法测定的比表面积达 $750m^2 \cdot g^{-1}$），碳泡沫复合材料以及网状玻碳材料等。另一类引人瞩目的新材料是导电陶瓷电极材料，其导电性能与石墨相当，且化学惰性优异，可作为阳极或阴极材料，正在研究使之具有微结构并可负载电催化剂。

与二维电极相比，电催化氧化电极的面体比大幅度增加，且因粒子间距小，物质传质效果得以改善，因此它具有较高电流效率和单位时空处理率。电催化氧化电极电化学反应器的反应区域不再局限于电极的简单几何表面上，而是在整个床层的三维空间表面上进行，尤其适用于降解反应速率低或系统中极限电流密度小的反应体系。

电催化氧化电极技术的特点是不使用或较少量使用化学药品，后处理简单，占地面积小，处理能力大，管理方便等，国外称为清洁处理法。它能克服原来平板电极存在的缺点，增加单位槽体积的电极表面积及物质移动速度，增大单位槽体积的处理量，有效提高电导率低的处理液的电解效率。电催化氧化电极除了上述优点外，还易于实现连续操作，可以在不同电流密度下进行操作。

3.5.1.2 电催化氧化电极的分类

参考三维电极分类，三维电极的分类方法很多，按粒子极性可分为单极性和复极性。单极性床填充阻抗较小的粒子材料，当主电极与导电粒子接触时，粒子带电，两电极间通常有隔膜存在。复极性床一般填充高阻抗粒子材料，无需隔膜，粒子间及粒子与主电极间不会导电，因而不会短路。此时，通过在主电极上施加高压，以静电感应使粒子一端成为

阴极，若使用阻抗较小的粒子，如金属，应在外表面涂上绝缘层。

按电极构型不同，三维电极可分为两种。第一种是长方形，主阳极和主阴极固定在槽内两相对的内壁，中间填充填料。电解液流向一般采取和电流方向垂直的方式；第二种是圆柱形，主阳极和主阴极的位置灵活多变，有多种组合方式。也有人据此而把三维电极分为平板槽（外形为长方形）和回转槽（外形为圆筒形）两类。

从电流方向和导电介质流动方向之间的关系可将三维电极分为两种基本形式（图3-11）：一种是流通式（Flow-Through），又称为平行型，电流方向与导电介质流动方向平行；另一种是流经式（Flow-By），又称为垂直型，电流方向与导电介质流动方向垂直。

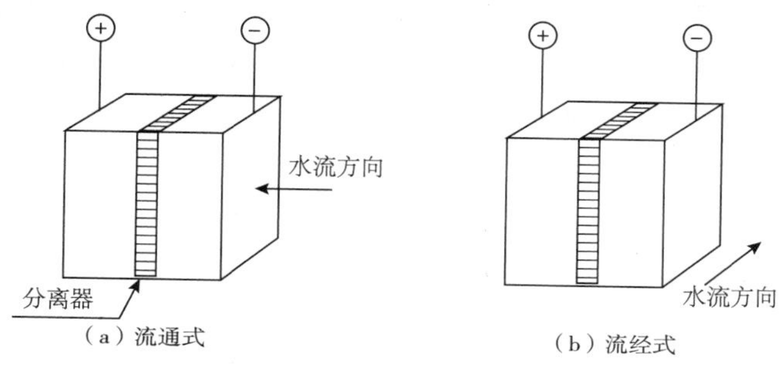

图3-11 流通式与流经式电极电解池结构

大量的研究表明，对于平行型反应器，要想在获得电势均匀分布的同时，取得高的反应转化率是困难的。欲提高转化率则应使电解液流过较长的路径，以便获得足够的停留时间，但只有当电流流过的路径较短时，才可望获得均匀的电势分布。因此，平行型反应器一般难以实现工业化。而垂直型结构的反应器，其电流的流动方向和电解液的流动方向是在两个正交的方向上，故既能使电解液在床层中有一定的停留时间以获得高的单程转化率，又能满足电流路径短的条件。

按照填充状态可分为固定式或流动式。固定方式的粒子材料在床体中不会发生位移，处于相对稳定状态，以填充床（Packed-Bed-Electrode）为典型代表，其优点是面体比高，馈电较为均匀，传质好，电流效率高，时空产率高。不足之处是长时间运行后，污染物及转化物往往会吸附沉积在电极表面易引起粒子层的堵塞，须进行清洗或电极极性更换使粒子电极再生。流动方式的粒子材料在床体中发生相对位移，处于流动状态。以流化床（Fluied-Bed-Electrode）为代表，其优点是良好的传质和高面体比，从而保证了较高的电流效率、时空产率，电极粒子的循环清洗，以及流动时相互冲击防止电解堵塞使电流效率降低。其缺点是粒子电极接触不紧密，使粒子馈电电流及电势分布不均，馈电极及隔膜易沉积污染物，导致电流效率降低。

3.5.1.3 电催化氧化电极的机理研究

电催化氧化的三维电极的工作机理因床体类型不同而异，单极性床（带有隔膜）通过主电极使电极粒子（低阻抗）表面带上与主电极相同的电荷，电化学反应在阴阳极各自进行，有机物一般在阳极被氧化，而重金属离子在阴极被还原。复极性床（没有隔膜）主要通过主电极间的电场使工作电极粒子（高阻抗）因静电感应而分别带上正负电荷，使每一个粒子成为一个独立的电极，电化学氧化和还原反应可在每一个电极粒子表面同时进行，缩短了传质距离。

典型电催化氧化三维电极反应器：复极性固定床电解槽（Bipolar Packed Bed Cell，简称 BPBC），是于 1973 年由 Fleischmann 等依据三维电极理论成功研制的。三维电极的基本原理如图 3-12 所示。

其原理是填充在电解槽内的粒子在高梯度的电场作用下，感应而复极化为复极性粒子，即在粒子的一端发生阳极反应，另一端发生阴极反应，整个粒子成了一个立体的电极，粒子之间构成一个微电解池，整个电解槽就由这样一些微电解池组成。

电催化氧化三维电极的电流模式如图 3-13 所示，在主电极间填充接触电阻大的导电粒子，当通入高电压时每个粒子形成一对对电极。电流过程可分成如下三部分：

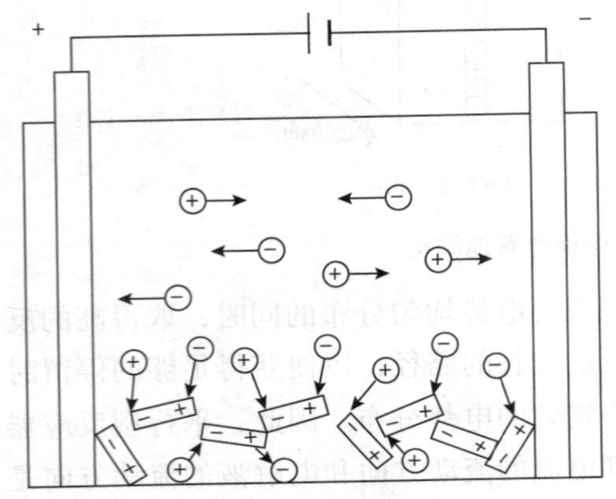

图 3-12　电催化氧化三维电极反应器原理示意图

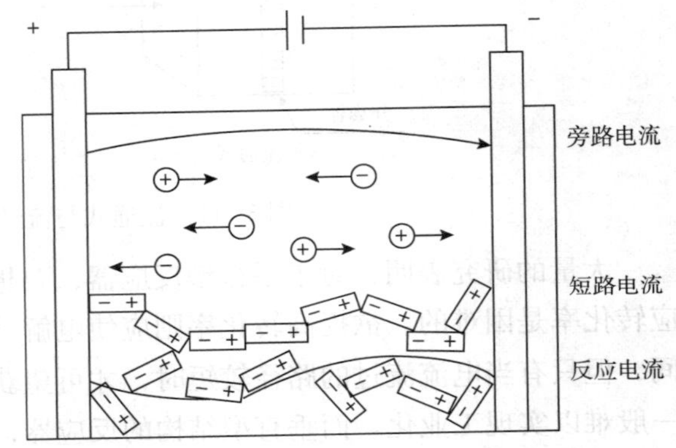

图 3-13　电催化氧化三维电极反应器内电流模式图

（1）反应电流：液体中移动的电荷在粒子一端经过粒子内流到另一端，再进入溶液。

（2）旁路电流：仅仅只在主电极反应，不通过粒子的电流。

（3）短路电流：粒子与粒子相连，电流直接通过粒子而流过的电流。

复极性粒子的等价电路可用图 3-14 表示。当加在粒子上的电压小于分解电压时，无反应电流，仅有短路电流与旁路电流通过。当加在粒子上的电压大于分解电压时，开始有反应电流通过，粒子两端产生复极。如在电解槽中放入绝缘性物质，可消除部分短路电流，如在填充物上减少溶液停留时间，则可减少旁路电流。因此，在实际应用时，要提高复极性固定床电解效率，必须将旁路电流和短路电流降低到最低点，所以电解槽装填方式、操作条件

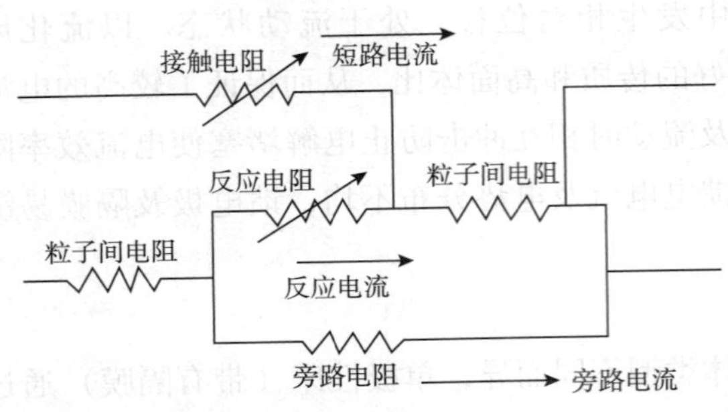

图 3-14　复极性粒子的等价电路图

等都是影响处理效果的重要因素。

Kusakabe 等制作了横断面为 10cm × 10cm，高为 20cm，内部填充直径 6mm、长 6mm 的圆柱形铁粒的电催化氧化三维电极反应器，研究其电流密度及电流效率。研究表明，旁路电流密度取决于溶液的电导率、固含率、电解槽结构及槽电压；反应电流密度在传质控制条件下与填充床内传质系数、每个铁粒的有效面积和表面积之比、固含率、去极化剂浓度有关。总电流密度是旁路电流密度、反应电流密度及有效电流密度的函数。如果向反应器通入惰性气体，最大电流密度将增加 15%。

目前，国内外对电催化氧化三维电极处理金属废水的机理研究已形成定论，但对有机废水的降解机理有不同看法：

（1）电解过程中产生的氧化性极强的 · OH（电极电势 2.8V），使有机物氧化分解；

（2）电解过程中同时形成的氧化性极强的 O_3 所起作用；

（3）部分有机物在阳极上被直接氧化；

（4）电解槽内的溶解氧被还原成 H_2O_2 对有机物产生氧化作用。

一般认为主要是电解过程中产生 H_2O_2 和氧化性极强的羟基自由基（· OH）使有机物氧化分解。电催化氧化三维电极电解体系产生 H_2O_2 和 · OH 的机制如下：

通过电解产生的 O_2 和外界可提供的 O_2 在阴极上还原产生 H_2O_2。

酸性条件下：
$$2O + 2H + 2e^- \longrightarrow 2HO \qquad (3-21)$$

碱性条件下：
$$O + HO + 2e^- \longrightarrow HO^- + OH^- \qquad (3-22)$$

$$HO + HO \longrightarrow HO + OH \qquad (3-23)$$

而电催化反应体系中的 · OH，可在金属催化剂（金属电极）作用下产生。羟基自由基是具有高度活性的强氧化剂，可以将废水中的有机物分解，它对有机物的氧化作用具有广泛性。羟基自由基的电子亲和能为 569.3kJ，容易进攻高电子云密度的有机分子部位，形成易进一步氧化的中间产物。其对有机物的氧化作用可以分三种反应方式进行：脱氢反应、亲电子反应和电子转移反应，形成活化的有机自由基，使其更易氧化其他有机物或产生连锁自由基反应，使有机物得以迅速降解。

3.5.1.4　电催化氧化电极的研究进展

目前，国内外对电催化氧化三维电极的研究已有一定的基础。电催化氧化三维电极研究的热点主要集中在对反应器的优化，对粒子电极的改性，以及电催化氧化三维电极和其他物理化学方法的结合。

熊亚等对填充床电催化氧化三维电极进行了改性，将填充床与气体扩散电极相结合开发了一种新的电化学反应器，即电催化氧化三相三维电极电池。杨昌柱等使用自制电催化氧化三维电极反应器对模拟含酚废水进行了连续动态的实验研究，通过改变主电极隔膜板、施加电压，增设曝气，从而改进反应器。

实验结果证明，电催化氧化三维电极反应器在连续运行过程中，出水水质稳定，苯酚和 COD_{Cr} 的去除率均保持在 80% 以上。黄宇等通过测定在动态条件下电催化氧化三维电极降解染料废水时反应器内不同取样点的处理效果，并对其降解效率、可生化性以及不同位置的降解产物进行分析，表明反应器的最佳长宽比为15：4。

对电催化氧化三维电极体系中的粒子电极的改性也成为了当前的热点。刘占孟等采用吸附、焙烧法制备了活性炭－纳米二氧化钛催化剂，对偶氮类染料废水进行了电催化氧化降解，降解效果得到了明显的提高。Xinbo Wu 等人采用颗粒活性炭气凝胶作为粒子电极对 RBRX 染料废水进行降解，在100个循环内，染料的去除率均超过了95%。雷利荣等利用电催化氧化三维电极反应器对桉木 CTMP 制浆废水进行降解，选用的填充粒子为一种过渡金属粒子和一种高阻抗粒子，其质量比为1：1，废水的色度去除率超过90%，COD_{Cr}去除率超过60%。

在电催化氧化三维电极技术和其他方法联用方面，Zhou 等采用电催化氧化三维电极和微生物降解法相结合，在作为粒子电极的活性炭颗粒表面培养脱硝细菌，脱硝细菌和阴极还原共同起作用，对含硝酸盐废水进行降解。陈武等研究了电催化氧化三维电极与 Fenton 试剂耦合法对苯二酚模拟废水进行处理，并且进行对比实验，结果表明：电催化氧化三维电极－Fenton 试剂耦合法处理效率明显高于普通 Fenton 法和电催化氧化三维电极技术，且在最佳工艺条件下，电催化氧化三维电极－Fenton 试剂耦合法对模拟对苯二酚废水COD_{Cr}去除率可达92.03%。在光电结合方面，安太成在TiO_2光催化剂和电催化剂同时存在下，联合电催化氧化多相三维电极技术与光催化技术，对直接湖蓝5B水溶液进行了电助光催化降解，研究发现经光电催化降解，其大环结构可迅速破坏，颜色可迅速褪去，色度去除率高达96.8%，COD_{Cr}去除率可达到66.7%。单独使用超声波很难使印染废水脱色，但是电氧化过程可以脱色。Lorimer 在半密封电解槽中进行的实验表明，利用超声波可以增强铂电极电氧化酸性染料（Sandolan Yellow）的能力。

通过采用超声氧化作用同电催化氧化三维电极技术相结合进行实验。超声催化氧化法是一种水处理高级氧化技术（AOPs），超声与电化学的结合具有许多潜在的优点，这些优点包括电催化氧化电极表面的清洗和除气，电催化氧化电极表面的去钝化，电极表面的防侵蚀，加速液相质量转递，加快反应速率，增强电化学发光，提高降解效率等。

曹志斌，王玲，薛建军等采用超声协同电化学氧化技术对甲基橙进行降解研究，在最佳条件下，甲基橙的去除率超过99%，而COD_{Cr}去除率超过80%。Trabelsi 采用超声/电解法氧化含酚废水，发现加入超声，尤其是高频超声，能大幅提高电解速度，其原因为：

（1）物理效应：空化产生的微射流能够清洗电极表面，加速液、固传质；

（2）化学效应：有机物可在空化气泡内直接热分解或空化产生的自由基能够氧化有机物。

吴斌采用超声强化电催化氧化降解苯酚、苯甲酸和水杨酸，研究表明：超声可以提高其电催化氧化效果，超声声强越大，降解效果越好；超声的辅助作用主要体现在促使强氧化性羟基自由基（·OH）的产生，提高多相催化反应过程的速率和效率，促进反应体系的传质过程，影响电子转移过程等方面。目前，声电耦合过程中所显示的许多优点已经引起研究人员的广泛关注。超声强化电化学氧化技术处理难降解有机废水的研究将是一个十分活跃的研究领域，具有较高的研究价值。

3.5.2　电催化氧化反应器的设计及优化

3.5.2.1　引言

传统的电化学反应器采用的是二维平板电极，这种反应器电极面体比（Aera-Volume Ratio）较小，传质问题得不到很好的解决。在实际的工业生产中，要求具有较高的电极反应速度。提高电解槽单位体积有效反应面积，从而提高传质效果和电流效率是解决问题的关键，尤其对于低浓度的体系更是如此。电催化氧化三维电极的出现解决了这一问题，这种电极与平板电极不同，有一定的立体结构，比表面积是平板电极的几十倍甚至上百倍，电解液在孔道内流动，电化学反应器的传质过程同时得到了很大的改善。

电催化氧化反应器中由于粒子电极的加入大大提高了电极的表面积，因此如何通过选择合适的粒子电极来增加电极的比表面积以及采用高催化活性的阳极材料成为了电催化氧化三维电极研究的热点。与此同时，当电催化氧化三维电极同其他一些物理化学方法相结合时，往往能产生协同作用，提高电催化氧化三维电极对污染物质的去除效果。超声的加入能通过改善电极表面的清洗和除气，电极表面的去钝化，加速液相质量转递，来加快反应速率，提高降解效率。

通过电催化氧化反应器，并将超声作用与三维电极技术相结合，制作成超声协同三维电极反应器，以提高电催化氧化三维电极对水体中污染物的去除效果，取得很好的效果。

3.5.2.2　电催化氧化反应器的设计

1）极板材料的选择

电化学反应器中的电极一般应具备以下条件：有良好的化学和电化学稳定性，导电性能、机械性能好，原材料价格便宜。采用电催化氧化三维电极技术能有效氧化降解染料废水中的有机污染物，电极材料是电催化效果的一个重要影响因素。

钛基涂层电极是金属氧化物电极的主要形式，这一电极体系被称为形稳阳极 DSA（Dimensional Stable Anode）。DSA 电极的出现，克服了传统的石墨电极、铂电极、铅基合金电极、二氧化铅电极等存在的一些不足，而且为电催化电极的制备提供了一条新思路，即可根据具体电极反应的要求，设计电催化材料的组成结构，通过材料加工、涂覆工艺可以使本身不具备结构支撑功能的材料在电极反应中获得应用。

自 Beer 开发了 DSA 电极以来，这种电极以其良好的稳定性和催化活性迅速得到关注。

由于 DSA 电极的化学和电化学性质能够随着氧化物膜的材料组成和制备方法而改变，三十多年来科学工作者围绕 DSA 电极做了许多研究，包括制备方法、电催化氧化机理等。有研究表明，相对于金属电极，氧化物电极更不易被污染。电催化氧化过程面临的主要副反应是阳极氧气的析出（对于含 Cl^- 比较多的废水，也可能是 Cl_2 的析出），因此，催化电极的一个必要条件就是要有较高的析氧超电势。DSA 电极则很容易通过改进材料及结构（涂层结构、掺杂情况等）做到这一点，因而成为目前电催化领域最受关注的一类电极。

实验时采用的阳极属于 DSA 电极，使用 Quanta 200 扫描电子显微镜对其进行 SEM 分析，如图 3-15（a）和图 3-15（b）所示。从 1000 倍和 5000 倍扫描电镜图中可以看出，电极表面均为高密度的层状碎片结构，这可能是由于在热处理过程中不同层与基体之间的热膨胀系数不同导致的。均匀一致的高密度小碎片结构具有较大的表面粗糙度和比表面积，对电催化氧化是有利的。取图 3-15（c）的中心区域进行元素分析，由能谱图 3-15（d）可知，该电极基体为钛，表面涂敷金属氧化物 RuO_2 半导体材料。

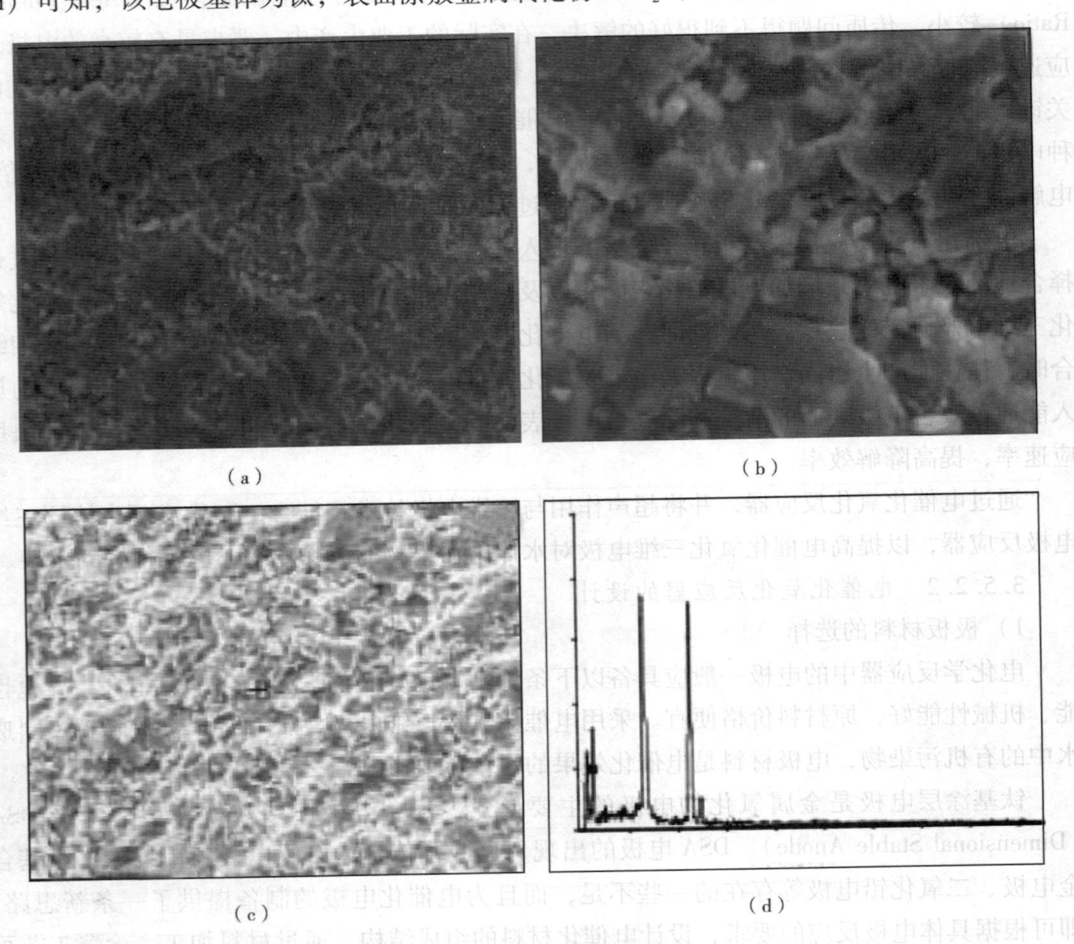

图 3-15　阳极材料的表面形貌图及能谱图

2）粒子电极材料的选择

目前，常用的填充材料主要有金属导体、铁氧体、镀上金属的玻璃球或塑料球、石墨以及活性炭等，目的都是为了提高电解效率，满足实际工作的理想条件。

三维电极体系中作为粒子电极选用的填料多为活性炭。活性炭外观为暗黑色，具有良好的吸附性能，化学稳定性好，可耐强酸及强碱，能经受水浸、高温，比重较轻，是三维的疏水性吸附剂。活性炭在制造过程中，挥发性有机物去除后，晶格间生成的空隙形成许多形状和大小不同的细孔。这些细孔壁的总表面积（即比表面积）一般高达 500~1700$m^2 \cdot g^{-1}$，这就是活性炭吸附能力强、吸附容量大的主要原因。

活性炭对水中有机物有优越的吸附特性，由于其具有发达的细孔结构和巨大的比表面积，因此对水中溶解的有机污染物具有较强的吸附能力，在活性炭表面聚积了大量污染物，其浓度远高于主体溶液浓度，被阳极氧化性产物氧化为无害物质，活性炭良好的吸附能力大大提高了阳极氧化性产物的利用效率，进而能显著减少能耗。另外，活性炭对水质、水温及水量的变化有较强的适应能力，吸附饱和的活性炭可经再生后重复使用。

活性炭填充电极电解法是将吸附过程和电解过程相结合，在电解反应器中，加入活性炭，相当于将原来的二维电场转化为三维电场，反应界面增大，从而产生了更多的微气泡。产生的微气泡对溶液进行了强制对流，电极上的扩散传质过程的传质速度要大于二维平板电极上的扩散传质过程的传质速度，从而加速了液相传质速度。由于活性炭对有机物可进行表面吸附，也可加速反应速度。此外活性炭作为电极，还可起到催化作用。这一切，都加速了反应速度，使得电解反应加速进行，对活性炭进行解吸。吸附过程和电解过程相结合，在吸附过程中，电解过程也同时进行，使吸附表面不断更新，从而实现了吸附过程的连续，具有较广泛的应用前景。而当吸附、解吸、电解达到平衡时，反应去除率达到稳定。

陈武等在相同条件下进行模拟水样处理实验研究，得到的结果如表3-3所示。结果表明，粒子电极粒径不同，对COD_{Cr}降解效果也不同。由于粒炭粒径太小，通透性差，阻力大，又易使粒子电极堵塞，且降解COD_{Cr}效率不高，因此粒炭不适合做粒子电极材料。

表3-3　粒子电极粒径不同时三维电极处理水样结果对比

炭柱型	处理前COD_{Cr}值/（mg/L）	处理后COD_{Cr}值/（mg/L）	COD_{Cr}去除率/%	实验条件
粒炭	1515.05	1041.29	31.3	$m=840g$ $d=5.0cm$
1mm柱炭	1515.05	270.97	82.1	$V=700mL$
3mm柱炭	1432.06	116.96	91.8	$I=1.0A$ $t=1.0h$

实验中采用3mm柱状活性炭，活性炭在使用前均经过预处理。

3）电催化氧化反应器的设计

在电化学反应过程中，考虑到阳极材料需要具有较好的化学、电化学稳定性，同时具备较高的析氧超电势，拥有良好的电催化活性，因此本实验中阳极采用上述DSA电极；阴极材料对电化学反应过程中H_2O_2、·OH等强化剂的生成有一定的联系，阴极材料往往要求具备高的析氢电势，试验中采用廉价易得，同时具有较高析氢电势的铁网作为阴极。

粒子电极的选择是反应器设计的关键问题，复极性电催化氧化三维电极反应器中一般填充导电粒子和绝缘粒子，导电粒子为导电性较好的物质，一般为金属导体、镀金属的玻璃球、石墨颗粒、活性炭等粒子等，其中活性炭的效果最好。加入绝缘粒子的目的是将活性炭粒子等导电粒子分离，防止形成短路电流。然而在实际应用中，往往由于两种材料的密度和粒径相差较大，在水流的长期冲击作用下，使得导电粒子和绝缘粒子分层，从而导致短路电流增大，即电流效率下降。

实验中采用经过预处理的3mm柱状活性炭作为粒子电极，在曝气作用下，活性炭能够比较均匀地分散于两极板之间，有效地减小了短路电流，因此无需外加绝缘粒子。

极板间距对电解效果的影响是显而易见的，它影响着溶液的传质距离和电极电势。吴薇等研究表明，在电催化氧化三维电极反应器中，极板间的距离越小，废水的处理效果越好。这是因为极板间的距离减小相应地减小了对流、扩散传质的传质距离（传质过程是电化学反应的两个主要过程之一），增大了传质的浓度梯度，强化了传质效果。从而使得电化学反应的速率和效率都得以提高，进而提高污染物质的降解效率。但是间距过小会影响操作的稳定性，在电催化氧化三维电极反应器中，还直接关系到粒子电极的填充量，因此实际应用中应该综合考虑。较小的电极间距可以获得较高的电流密度，但是在缩小电极间距的同时，粒子电极的填充量相应地减少，综合考虑这两个因素，并且通过反复的实验，本实验中电极的间距设定为3.0cm；在反应器允许的范围内，为了尽可能增大电极的表面积，加快降解速率，电极表面为5cm×5cm。

粒子电极的污染是电催化氧化反应器设计的另一关键问题。一般认为，在电催化氧化反应器中，污染物质被截留到粒子电极表面，并在其表面发生氧化还原反应。但当电催化氧化器长时间运行之后，因污水中的悬浮物、污染物及其降解中间产物往往会吸附或沉积在电极表面，导致电极表面堵塞，即粒子电极被污染。一旦粒子电极被污染，粒子颗粒就失去其截留及降解污染物质的能力，从而导致电流效率下降。实验中，由压缩气泵向电催化氧化反应器提供空气，并通过曝气装置起到曝气的作用。在反应器运行过程中，曝气产生的气泡不断地对极板及活性炭粒子表面进行冲刷，能够较好地防止悬浮物、污染物及难降解中间产物在电极表面的沉积，使得电催化氧化三维电极反应器能够长时间稳定运行。此外曝气还起到如下三个作用：

（1）使活性炭颗粒处于流动、分散态，在高梯度电场下被感应形成复极化粒子电极；

（2）强化了传质过程；

（3）向体系提供充足的氧气，溶液中的氧可在工作电极或阴极上发生还原反应转变为强氧化剂（如过氧化氢等），从而间接地氧化污染物。

实验时，自行设计并制作三维电极反应器，有效体积为200mL，阳极采用上述DSA电极，阴极采用铁网，电极表面为5cm×5cm，电极的间距为3.0cm，在两电极之间填充经过预吸附处理的3mm柱状活性炭颗粒作为第三极，并通过压缩气泵及曝气装置起到曝气作用，装置示意图如图3-16所示。

3.5.2.3 电催化氧化反应器的优化

三维电极和其他方法相结合是当前电催化氧化三维电极研究的热点之一。超声催化氧化法是一种水处理高级氧化技术（AOPs），超声与电化学的结合具有许多潜在的优点，这些优点包括电极表面的清洗和除气，电极表面的去钝化，电极表面的防侵蚀，加速液相质量转递，加快反应速率，增强电化学发光，提高降解效率等。Trabelsi采用超声/电解法氧化含酚废水，发现加入超声，尤其是高频超声，能大幅提高电解速度。吴斌采用超声强化电催化氧化降解苯酚、苯甲酸和水杨酸，研究表明：超声可以提高其电催化氧化效果，超声声强越大，降解效果越好。

超声的辅助作用主要体现在促使强氧化性·OH的产生，提高多相催化反应过程的速率和效率，促进反应体系的传质过程，影响电子转移过程等方面。目前，声电耦合过程中所显示的许多优点已经引起研究人员的广泛关注。超声强化电化学氧化技术处理难降解有机废水的研究将是一个十分活跃的研究领域，具有较高的研究价值。本实验在三维电极反应器的基础之上，通过超声强化作用的辅助，设计并制作超声协同三维电极反应器，装置如图3-17所示。

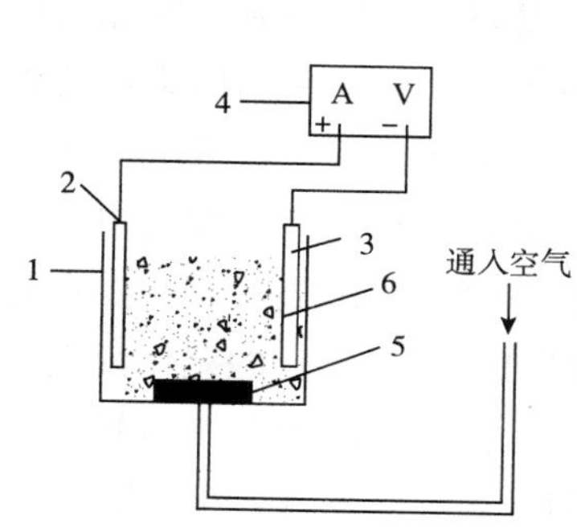

图3-16 电催化氧化三维电极装置示意图

1—反应容器；2—阳极；3—阴极；

4—电源；5—曝气装置；6—粒子电极

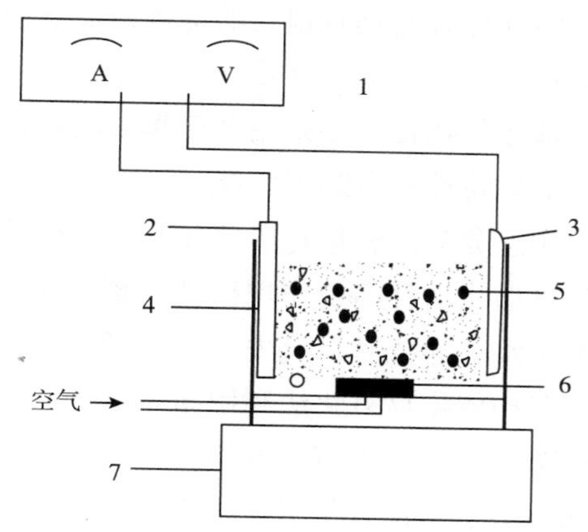

图3-17 超声协同三维电极静态装置示意图

1—反应容器；2—阳极；3—阴极；4—电源；

5—曝气装置；6—粒子电极；7—超声发生器

在静态反应器的基础上，设计并制作了超声协同三维电极反应器动态实验装置，如图3-18所示。

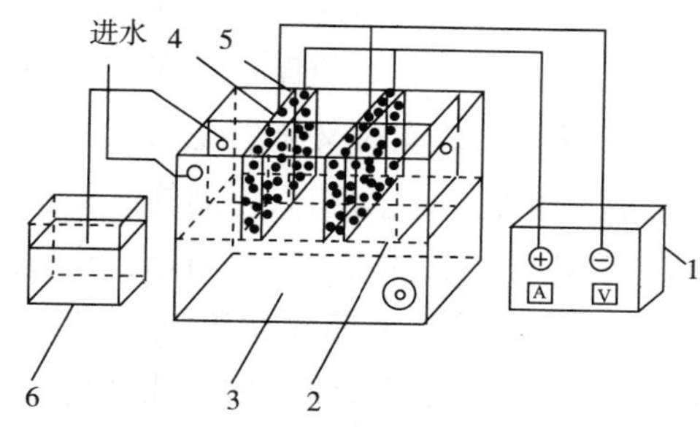

图3-18 超声协同三维电极动态装置示意图

1—电源；2—反应室；3—超声发生器；4—阳极；

5—阴极；6—出水槽

超声作用在三维电极体系中能产生以下两个效应：①物理效应：空化产生的微射流能够清洗电极表面，加速液、固传质；②化学效应：污染物质可在空化气泡内直接热分解或被空化产生的自由基氧化降解。

3.5.3 催化氧化装置原理及说明

海上废水由于排放特点造成水质水量的波动，而海上空间的局限性使得污水处理设备体积尽量小，因此污水在设备停留时间短，采用生化处理对时间的要求不可能在短时间能将水处理达标，所以采用生化法只能作为海上污水处理装置的预处理。生化之后必须采用其他装置将污水短时间内处理达标。催化氧化作为近年来污水处理领域兴起的新技术，其可通过氧化提高污染物的可生化性或将其直接矿化，同时还在环境类激素等微量有害化学物质的处理方面具有很大的优势，能够使绝大部分有机物完全矿化或分解，具有很好的应用前景。

催化氧化技术多采用基于臭氧的高级氧化技术，它是将臭氧的强氧化性和催化剂的吸附、催化特性结合起来，能较为有效地解决有机物降解不完全的问题。催化臭氧化按催化剂的相态分为均相催化臭氧化和多相催化臭氧化，在均相催化臭氧化技术中，催化剂分布均匀且催化活性高，作用机理清楚，易于研究和把握。但是，它的缺点也很明显，催化剂混溶于水，导致其易流失、不易回收并产生二次污染，运行费用较高，增加了水处理成本。多相催化臭氧化法利用固体催化剂在常压下加速液相（或气相）的氧化反应，催化剂以固态存在，易于与水分离，二次污染少，简化了处理流程，因而越来越引起人们的广泛重视。由于催化氧化仍在研究中，其机理还不太明朗和确切。以下就其作一简单介绍。

3.5.3.1 多相催化臭氧化

对于多相催化臭氧化技术，固体催化剂的选择是该技术是否具有高效氧化效能的关键。研究发现，多相催化剂主要有三种作用。一是吸附有机物，对那些吸附容量比较大的催化剂，当水与催化剂接触时，水中的有机物首先被吸附在这些催化剂表面，形成有亲和性的表面螯合物，使臭氧氧化更高效。二是催化活化臭氧分子，这类催化剂具有高效催化活性，能有效催化活化臭氧分子，臭氧分子在这类催化剂的作用下易于分解产生如羟基自由基之类有高氧化性的自由基，从而提高臭氧的氧化效率。三是吸附和活化协同作用，这类催化剂既能高效吸附水中有机污染物，同时又能催化活化臭氧分子，产生高氧化性的自由基，在这类催化剂表面，有机污染物的吸附和氧化剂的活化协同作用，可以取得更好的催化臭氧氧化效果。在多相催化臭氧化技术中涉及的催化剂主要是金属氧化物（Al_2O_3、TiO_2、MnO_2 等）、负载于载体上的金属或金属氧化物（Cu/TiO_2、Cu/Al_2O_3、TiO_2/Al_2O_3 等）以及具有较大比表面积的孔材料。这些催化剂的催化活性主要表现对臭氧的催化分解和促进羟基自由基的产生。臭氧催化氧化过程的效率主要取决于催化剂及其表面性质、溶液的 pH 值，这些因素能影响催化剂表面活性位的性质和溶液中臭氧分解反应。

1）（负载）金属催化剂

通过一定方式制备的金属催化剂能够促使水中臭氧分解，产生具有极强氧化性的自由基，从而显著提高其对水中高稳定性有机物的分解效果。许多金属可用于催化臭氧氧化过程中，如钛、铜、锌、铁、镍、锰等。

Legube 等研究了在 Cu 系催化剂作用下，臭氧氧化对饮用水中的有机物去除效果发现：

腐殖酸和水杨酸的催化臭氧化导致 TOC 去除率与同样实验条件下单独臭氧氧化相比有较大增加。

张彭义等以 Al_2O_3 为载体，采用浸渍法和附着沉淀法制备了6种以 Ni、Fe 为活性组分的负载型催化剂，催化臭氧化处理难生物降解的典型染料中间体废水－吐氏酸废水。初始 COD_{Cr}浓度为1500mg/L，当臭氧投加量为0.8g/L 时，在用附着沉淀法制备的Ni-Fe-Urea－2催化剂作用下，COD_{Cr}去除率大于50%，而没有催化剂作用时小于30%。

一些以 $\gamma-Al_2O_3$ 为载体负载单组分金属的多相催化臭氧化研究，发现对硝基苯的去除率从小到大顺序为：Mn > Cu > Fe > Ni > Ce > Co；而催化剂上负载的金属含量从小到大的顺序为：Ce > Cu > Mn > Co > Ni > Fe，说明催化剂的活性与其上负载金属的含量并不成正比。

2）金属氧化物

金属氧化物的合理选用可直接影响催化反应机理和效率。一般金属氧化物表面上的羟基基团是催化反应的活性位，它通过向水中释放质子和羟基，发生离子交换反应而从水中吸附阴离子和阳离子，形成 Bronsted 酸位，而该酸位通常被认为是金属氧化物的催化中心。下面以几种被广泛进行了研究的金属氧化物催化剂 TiO_2、Al_2O_3、MnO_2 作详细介绍。

（1）TiO_2。

TiO_2 一般用作光催化反应，但是它对水中有机物的催化臭氧化也有很好的效果，既可以单独作为臭氧化反应的催化剂，又可以和紫外光一起共同催化臭氧化。Beltran 等以 TiO_2 粉末作催化剂，研究了催化臭氧化降解草酸的效果。相对于单独臭氧氧化体系，多相催化臭氧化法对草酸的去除率和矿化程度有了极大的提高。随后，Beltran 等又以 TiO_2/Al_2O_3 作为催化剂，进一步研究了多相催化臭氧化法对草酸降解转化，结果表明，体系对草酸的转化率达到80%。

通过对活性炭负载 TiO_2 催化臭氧氧化去除水中的酚氯乙酸的研究，结果表明100L的含酚废水，在臭氧氧化空气流量0.05m^3/h，臭氧浓度3.46～8mg/L，pH 为6.5～8时30min 去除率即达99%，比单纯臭氧氧化法脱酚率提高30%。100mg/L 的氯乙酸废水在臭氧氧化空气流量为0.05m^3/h，臭氧浓度为6.62L 时，pH＝3.8，30minCOD 去除率即达75%以上。

（2）Al_2O_3。

Al_2O_3 通常被用作催化剂的载体，但有些研究者发现它同样具有一定的催化臭氧氧化的能力。Ni 和 Chen 的研究表明，$\gamma-Al_2O_3$ 的存在使2－氯酚的有机碳去除率从单独臭氧氧化的21%提高到43%，而且臭氧的消耗量仅为单独臭氧氧化时的一半，催化剂连续使用三次后去除效果没有明显变化。

使用 Al_2O_3 作催化剂，研究了催化臭氧化对水溶液中难溶有机物的降解情况。实验结果表明，在同浓度有机碳情况下，Al_2O_3 作为一种有效催化剂能很大程度地将有机碳转化为二氧化碳。实验提出了 Al_2O_3 可能的催化臭氧化反应机理，认为较高的反应活性可用臭氧和氧化铝表面羟基的彼此反应来解释。

(3) MnO_2。

在所有过渡金属氧化物中，MnO_2 被认为表现出了最好的催化活性，可以有效催化降解的有机物种类最多。

有人以 $\gamma-Al_2O_3$ 为载体，采用浸渍法制备了 CuO、MnO_2 及 MnO_2/K_2O 等3种负载型催化剂。以臭氧为氧化剂，采用多相催化氧化法处理煤制气厂和焦化厂的含酚氰废水。结果表明：MnO_2/K_2O 催化剂活性最高，在臭氧气相质量浓度1.0mg/L，气相流速2.0L/min的条件下，分别处理60min和20min即可使酚氰混合液中的苯酚和 CN^- 的去除率达到90%以上。60min时 COD_{Cr} 去除率达82.59%，几乎是单独使用臭氧时的3倍。

Anderozzi 等对 MnO_2 催化臭氧分解有机酸进行了一系列的研究，并着重考察了溶液pH值变化对氧化去除有机酸的影响。在 MnO_2 催化臭氧降解草酸的研究中，发现pH在3.2~7.0的范围内，草酸的去除率随着pH的降低而升高，并提出草酸的氧化遵循催化剂表面Mn与草酸形成络合物的降解机理。

近年来，纳米材料的出现为开发新型高效的臭氧化催化材料提供了新的机遇，与传统的体相催化剂相比，纳米材料的使用提高了催化剂的催化效率。过渡金属氧化物纳米材料在催化领域的应用研究已有许多文献报道。在催化臭氧化中，一些以过渡金属氧化物为活性组分的纳米催化剂比如 Co_3O_4、Fe_2O_3、TiO_2、ZnO 等取得了较好的催化效果。马军教授的研究组采用溶胶-凝胶法制备了 TiO_2 纳米颗粒，并在500℃下煅烧后，对臭氧化降解水中硝基苯表现了明显的催化效果，相关机理研究表明催化剂的加入促进了羟基自由基的产生，从而加快了污染物的降解。

3) 活性炭

活性炭是由微小结晶和非结晶部分混合组成的碳素物质，活性炭表面含有大量的酸性或碱性基团，这些酸性或碱性基团的存在，特别是羟基、酚羟基的存在，使活性炭不仅具有吸附能力，而且还具有催化能力。在臭氧/活性炭协同作用过程中，在活性炭的吸附作用下使臭氧加速变成羟基自由基，从而提高氧化效率。活性炭作为催化剂与金属氧化物作为催化剂进行催化臭氧化的不同之处在于对臭氧的分解机理不同：活性炭表面的路易斯碱起主要作用；而金属氧化物表面的路易斯酸是催化过程的活性点。另外，对活性炭催化体系而言，活性炭表面的吸附性能起较大作用，所以臭氧化降解效率受介质酸碱性影响较大。

一些人采用臭氧/活性炭协同降解染料废水，结果表明，单靠活性炭的吸附作用不能完全去除染料的色度，单独靠臭氧氧化虽然可以很好地去除色度，但TOC的去除率不高；而臭氧/活性炭联用技术可以很好地去除染料的色度和TOC。

有人对浙江某药厂的废水（主要成分为己二腈、苯酚和乙醇）分别采用臭氧非催化氧化、活性炭吸附、臭氧/活性炭组合等方法进行了研究。实验表明了臭氧/活性炭组合工艺可以大大提高COD的去除率，提高臭氧的利用率，同时避免了活性炭的频繁再生。

胡志光等采用臭氧生物活性炭工艺，研究表明，预臭氧化可增加水中的溶解氧含量，从而促使生物活性炭的硝化菌非常活跃，能够有效去除氨氮，同时臭氧生物活性碳工艺对锰的去除率非常高，而且稳定。

3.5.3.2 多相催化臭化机理

目前，已有大量文献叙述了多相催化臭氧化的机理。一般认为有三种可能的机理：

（1）认为有机物被化学吸附在催化剂的表面，形成具有一定亲核性的表面螯合物，然后臭氧或者羟基自由基与之发生氧化反应，形成的中间产物能在表面进一步被氧化，也可能脱附到溶液中被进一步氧化，如图3-19所示。一些吸附容量比较大的催化剂的催化氧化体系往往遵循这种机理。

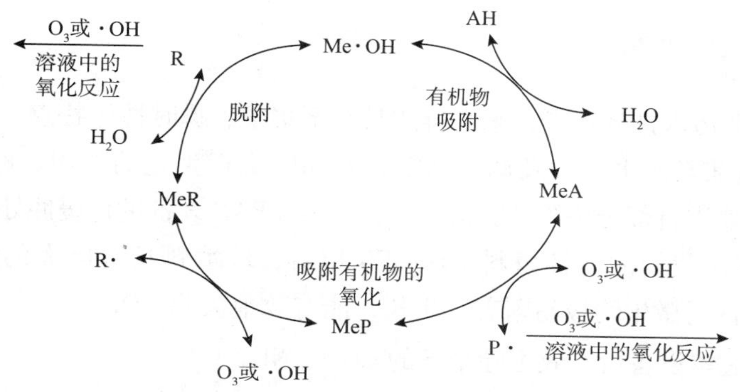

图3-19 金属催化臭氧化机理（Ⅰ）

（2）催化剂不但可以吸附有机物，而且还直接与臭氧发生氧化还原反应，产生的氧化态金属和羟基自由基可以直接氧化有机物，如图3-20所示。

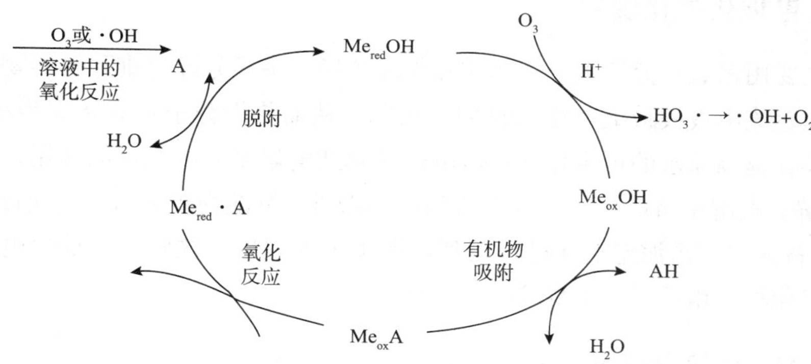

图3-20 金属催化臭氧化机理（Ⅱ）

（3）催化剂催化臭氧分解，产生活性更高的氧化剂，从而与非化学吸附的有机物分子发生反应。

3.5.3.3 催化氧化装置及BAC装置

综上所述，由于多相催化臭氧化技术具有处理效率高、速度快、无二次污染、可连续操作及占地面积小等优点，具有广阔的发展前景。结合我们工程多年实践经验和工程实践验证，在海上平台采用多相催化氧化装置，设置催化氧化反应器。根据我方单独设计的催化反应器，根据工程实践和水质选择自己加工的多种催化剂，并按照一定规则布置在反应器内，加快反应时间和反应效率，从而提高底物的反应速率、提高其去除率。

BAC 装置实际也是催化氧化装置。这是针对出水要求场合更高、现场空间条件限制少的场合，利用 BAC 装置内特殊处理的催化氧化填料，将前面处理后的污水中的溶解性有机物、氨氮等进一步吸附，利用其巨大比表面积完成对污染物的高速催化氧化，确保设备稳定运行、系统出水水质达标排放。

3.6 海上污水装置说明

3.6.1 FBAF 设备

由于海上生活污水排放特点，来水排放具有不集中、瞬时性等特点，水质水量波动都很大。FBAF 设备兼具污水收集及调节功能，并同时进行生化的作用。FBAF 设备对水中 COD 等主要污染物进行部分去除。为此，在此设置 FBAF 设备进行缓冲处理。

FBAF 设备采用我们的改性填料 HH - FB 填料，垓填料具有巨大的比表面积，能达 $80000m^2/m^3$，改性后微生物极易附着、生长，能有效地去除 COD、NH_4^+ - N. 该设备运行时需要曝气。通过本设备后有效去除余下的 COD、NH_4^+ - N。

由于来水为生活污水，尽管生化性好，但是由于 COD 浓度不低，池体负荷较高，体积负荷 3 ~ 5kgCOD/ $(m^3 \cdot d)$，F/M：0.25~0.5kgCOD/ (kgVSS · d)，MLSS 为5 ~ 10g/L。经过生化后的污水再进入催化电化学池处理。

3.6.2 电催化氧化装置

本设备主要用来氧化分解大分子物质和稠环芳烃、多环芳烃等难降解的物质，通过电化学反应，在直流电极极板上产生大量的自由基，从而将大分子物质转变为小分子物质，破坏环烃的环，提高原水的可生化性。电解同时起到电絮凝、电气浮的作用，将废水中的 COD 大量降解。电解中将产生一定的废渣和沉淀物质，沉淀物质和污水将通过回流泵送到 FBAF 处理设备入口，污泥定期通过管道到污泥集中处理后送往陆地。催化电化学装置出水进入集水氧化槽，由泵送入 BAC 深度处理设备。

3.6.3 HF 大流量过滤设备

HF 大流量过滤设备主要采用专门设计的独有的大流量过滤器，对水中颗粒物、胶体物质进行拦截，过滤其中的悬浮物。其出水进入催化氧化装置。

3.6.4 催化氧化装置

由于来水水质、水量波动大原水 COD 较高，加上场地有限，经过前段设备处理后，到后面基本上都是中低浓度污水。中低浓度污水处理相对效率不高，加上水质水量波动导致改造设备进水水质、水量不稳定，因此 FBAF 出水水质也将波动。为确保处理效果，这里设置催化氧化装置，利用成熟的改性物质吸附其中有机物，并同时利用其中的催化剂，

在此设备内完成高速催化氧化，将其中有机物进一步降解、碳化。采用强氧化计、并利用催化剂产生大量的自由基，实现污水有机物迅速降解、碳化，达到高效氧化的效果。

3.6.5 BAC 污水深度处理设备

经前几段处理后的出水，大部分悬浮物得到去除，但是还有一些有机物未得到去除，为确保效果，采用 BAC 滤床进行进一步处理，以确保出水 COD 达标。

对于粒度在 10～20 埃左右的无机胶体，有机胶体和溶解性有机高分子杂质和余氯，在常规滤器中是难以去除的，为了进一步提高原水质量，利用 BAC 滤器的巨大比表面积，达到排放标准，在工艺流程中设计了 BAC 过滤器。结构中存在大量平均孔径在 20～50 埃的微孔和粒隙，它的表面吸附面积能达到 500～2000M^2/G，一般有机物的分子都略小于 20～50 埃。操作系统采用自动阀门进行切换。

（1）BAC 使水中有机物的综合指标大幅度降低，微污染物的种类和数量大大减少，确保出水水质。

（2）BAC 对有机卤代化合物的去除效果显著，三氯甲烷的去除率可在 90% 以上。

3.7 使用效果

以下为该工艺、设备在陆地、海上平台实验，以及在海上实际运行后，对原水、出水进行水质监测的结果，这里摘录一部分，供参考。

3.7.1 业主监测出水结果（表3-4、表3-5）

表3-4 JZ9-3WHPA 平台污水装置出水化验记录

序　号	日　期	平　台	取样时间	COD
1	2016-01-01	A	10：00	61
2	2016-01-07	A	10：00	42
3	2016-01-14	A	10：00	35
4	2016-01-21	A	10：00	15
5	2016-02-01	A	10：00	26
6	2016-02-07	A	10：00	35
7	2016-02-14	A	10：00	23
8	2016-02-20	A	10：00	21
9	2016-03-01	A	10：00	86
10	2016-03-07	A	10：00	74
11	2016-03-14	A	10：00	86

续表

序号	日期	平台	取样时间	COD
12	2016－03－20	A	10：00	63
13	2016－04－01	A	10：00	56
14	2016－04－07	A	10：00	92
15	2016－04－14	A	10：00	66
16	2016－04－19	A	10：00	11
17	2016－04－25	A	10：00	69
18	2016－05－01	A	10：00	13
19	2016－05－07	A	10：00	13
20	2016－05－14	A	10：00	35
21	2016－05－20	A	10：00	60
22	2016－06－01	A	10：00	86
23	2016－06－07	A	10：00	29
24	2016－06－14	A	10：00	63
25	2016－06－20	A	10：00	35
26	2016－07－01	A	10：00	46
27	2016－07－07	A	10：00	57
28	2016－07－14	A	10：00	65
29	2016－07－20	A	10：00	33
30	2016－08－01	A	10：00	42

表3-5　JZ9－3WHPE平台污水装置出水化验记录

序号	日期	平台	取样时间	COD
1	2016－01－01	E	10：00	34
2	2016－01－07	E	10：00	46
3	2016－01－13	E	10：00	65
4	2016－01－19	E	10：00	18
5	2016－01－25	E	10：00	22
6	2016－01－31	E	10：00	48
7	2016－02－01	E	10：00	29
8	2016－02－07	E	10：00	121

续表

序　号	日　期	平　台	取样时间	COD
9	2016－02－13	E	10：00	64
10	2016－02－19	E	10：00	20
11	2016－02－25	E	10：00	43
12	2016－03－02	E	10：00	28
13	2016－03－08	E	10：00	32
14	2016－03－14	E	10：00	76
15	2016－03－20	E	10：00	68
16	2016－03－26	E	10：00	43
17	2016－03－31	E	10：00	36
18	2016－04－07	E	10：00	64
19	2016－04－14	E	10：00	70
20	2016－04－21	E	10：00	82
21	2016－04－28	E	10：00	76
22	2016－05－04	E	10：00	75
23	2016－05－10	E	10：00	32
24	2016－05－16	E	10：00	41
25	2016－05－22	E	10：00	34
26	2016－05－28	E	10：00	71
27	2016－06－03	E	10：00	63
28	2016－06－09	E	10：00	69
29	2016－06－15	E	10：00	71
30	2016－06－21	E	10：00	44
31	2016－06－27	E	10：00	60
32	2016－07－03	E	10：00	52
33	2016－07－09	E	10：00	45
34	2016－07－15	E	10：00	38
35	2016－07－21	E	10：00	40
36	2016－07－27	E	10：00	44
37	2016－08－02	E	10：00	29

3.7.2 第三方检验结果

3.7.2.1 实验装置在机械中心实验检测结果

以下检测数据为设备在机械中心办公楼前，采用办公楼冲厕（大、小便）废水作为原水进行实验，出水检测结果见表3－6。

表 3-6　出水检测结果

样品名称 (Sample Description)	处理后水	检测结果 (Test Results)	—
委托单位 (Applicant)	大连浩海水处理技术有限公司	商标 (Trade Mark)	—
到样日期 (Received Date)	2014-06-16	生产日期或批号 (Manufacturing Date or Lot No.)	—
检测日期 (Test Date)	2014-06-16~2014-06-21	检测类别 (Test Type)	委托检测
样品状态 (Sample Status)	液态	检测环境 (Test Environment)	符合要求
参考方法 (Reference Methods)	GB 11901—1989、GB 11914—1989、GB/T 16489—1996、GB 7494—1987、GB/T 5750.4—2006、GB/T 5750.5—2006、GB/T 5750.6—2006、GB/T 5750.12—2006、HJ 505—2009		
所用主要仪器 (Main Instruments)	酸度计、紫外可见分光光度计 等		
备注 (Note)	—		
PONY 专用章 (Special Stamp of PONY)	编制人 (Edited by)	—	
	审核人 (Checked by)	—	
	批准人 (Approved by)	—	
	签发日期 (Issued Date)	2014-06-24	
106166002105D 处理后水	检测项目 (Test Items)	检测结果 (Test Results)	
	pH	8.14	
	色度/度	<5	
	嗅	无不快感	
	浊度/NTU	<0.5	
	悬浮物/(mg/L)	未检出(<5)	
	硫化物/(mg/L)	未检出(<0.005)	
	铁(以Fe计)/(mg/L)	未检出(<0.05)	
	溶解性总固体/(mg/L)	514	
	氨氮(以N计)/(mg/L)	14.6	
	阴离子表面活性剂/(mg/L)	未检出(<0.05)	
	化学需氧量(COD_{Cr})/(mg/L)	未检出(<5)	
	五日生化需氧量(BOD_5)/(mg/L)	未检出(<0.5)	
	总大肠菌群/(MPN/100mL)	>1600	
以下空白 (End of Report)	以下空白 (End of Report)	以下空白 (End of Report)	

3.7.2.2　实验装置在陆地终端实验检测结果

以下检测数据为设备在绥中36-1陆地终端，采用办公楼、生活楼、食堂产生的废水作为原水进行实验，出水检测结果见表3-7。

表 3-7 出水检测结果

样品名称 (Sample Description)	出水 2	样品规格 (Sample Specification)	—
委托单位 (Applicant)	大连浩海水处理技术有限公司	商标 (Tnade Mark)	—
到样日期 (Received Date)	2014-09-03	生产日期或批号 (Manufacturing Date or Lot No.)	—
检测日期 (Test Date)	2014-09-03~2014-09-09	检测类别 (Test Type)	委托检测
样品状态 (Sample Status)	液态	检测环境 (Test Environment)	符合要求
样品来源 (Sample From)	绥中污水设备		
参考方法 (Reference Methods)	GB 11914—1989、HJ 535—2009、HJ 636—2012、GB 11901—1989、HJ 637—2012 等		
所用主要仪器 (Main Instruments)	紫外可见分光光度计、红外分光测油仪 等		
备注 (Note)	—		
PONY 专用章 (Special Stamp of PONY)	编制人 (Edited by)		—
	审核人 (Checked by)		—
	批准人 (Approved by)		—
	签发日期 (Issued Date)		2014-09-12
I09041013005D 出水 2	检测项目 (Test Items)		检测结果 (Test Results)
	色度/倍		<1 (无色)
	悬浮物/ (mg/L)		未检出 (<5)
	生化需氧量 (BOD_5) / (mg/L)		2.5
	化学需氧量 (COD_{Cr}) / (mg/L)		13.4
	磷酸盐 (以 PO_4^{3-} 计) / (mg/L)		0.04
	氨氮 (以 N 计) / (mg/L)		8.75
	总氮 (以 N 计) / (mg/L)		24.9
	石油类/ (mg/L)		未检出 (<0.04)
以下空白 (End of Report)	以下空白 (End of Report)		以下空白 (End of Report)

3.7.3 海上平台实验检测结果（表3-8）

表3-8 海上平台实验检测结果

样品名称 (Sample Description)	水样	样品规格 (Sample Specification)	—
委托单位 (Applicant)	中海油能源发展装备技术有限公司	商标 (Trade Mark)	—
到样日期 (Received Date)	2015-01-09	生产日期或批号 (Manufacturing Date or Lot No.)	—
检测日期 (Test Date)	2015-01-09~2015-01-14	检测类别 (Test Type)	委托检测
样品状态 (Sample Status)	液态	检测环境 (Test Environment)	符合要求
检测项目 (Test Items)	色度、悬浮物、氨氮（以N计）、总磷（以P计）、化学需氧量（COD_{Cr}）、五日生化需氧量（BOD_5）、磷酸盐（以PO_4^{3-}计）、石油类		
检测依据 (Test Methods/Regulation)	GB 11893—1989、GB 11901—1989、GB 11903—1989、GB 11914—1989、HJ 505—2009、HJ 537—2009、HJ 637—2012 等		
所用主要仪器 (Main Instruments)	紫外可见分光光度计、红外分光测油仪 等		
备注（Note）	—		
PONY 专用章 (Special Stamp of PONY)	编制人（Edited by）		—
	审核人（Checked by）		—
	批准人（Approved by）		—
	签发日期（Issued Date）		2015-01-20
	检测项目（Test Items）		检测结果（Test Results）
A00260505 生活污水原水	色度/倍		1600（样品呈黑褐色）
	悬浮物/（mg/L）		1.12×10^3
	氨氮（以N计）/（mg/L）		116
	总磷（以P计）/（mg/L）		13.2
	化学需氧量（COD_{Cr}）/（mg/L）		1.68×10^3
	五日生化需氧量（BOD_5）/（mg/L）		948
	磷酸盐（以PO_4^{3-}计）/（mg/L）		未检出（<0.10）
	石油类/（mg/L）		5.93
A00261505 生活污水处理后的出水	色度/倍		20（样品呈浅黄棕色）
	悬浮物/（mg/L）		7
	氨氮（以N计）/（mg/L）		50.5
	总磷（以P计）/（mg/L）		0.14
	化学需氧量（COD_{Cr}）/（mg/L）		18.3
	五日生化需氧量（BOD_5）/（mg/L）		5.7
	磷酸盐（以PO_4^{3-}计）/（mg/L）		未检出（<0.10）
	石油类/（mg/L）		0.08
以下空白 (End of Report)	以下空白 (End of Report)		以下空白 (End of Report)

3.7.4 设备在平台上实际运行检测结果

以下检测数据为设备在海上平台，采用平台排放的生活水作为原水进行实验，出水检测结果见表3-9。

表3-9 出水水样检测结果

<table>
<tr><td>样品名称
(Sample Description)</td><td>出水水样</td><td>样品规格
(Sample Specification)</td><td>—</td></tr>
<tr><td>委托单位
(Applicant)</td><td>中海油能源发展装备技术有限公司</td><td>商标
(Trade Mark)</td><td>—</td></tr>
<tr><td>到样日期
(Received Date)</td><td>2016-04-21</td><td>生产日期或批号
(Manufacturing Date or Lot No.)</td><td>—</td></tr>
<tr><td>检测日期
(Test Date)</td><td>2016-04-21~2016-04-27</td><td>检测类别
(Test Type)</td><td>委托检测</td></tr>
<tr><td>样品状态
(Sample Status)</td><td>液态</td><td>检测环境
(Test Environment)</td><td>符合要求</td></tr>
<tr><td>样品来源
(Sample from)</td><td colspan="3">JZ9-3WHPA</td></tr>
<tr><td>备注 (Note)</td><td colspan="3">—</td></tr>
<tr><td rowspan="4">PONY 专用章
(Special Stamp of PONY)</td><td colspan="2">编制人 (Edited by)</td><td>—</td></tr>
<tr><td colspan="2">审核人 (Checked by)</td><td>—</td></tr>
<tr><td colspan="2">批准人 (Approved by)</td><td>—</td></tr>
<tr><td colspan="2">签发日期 (Issued Date)</td><td>2016-04-29</td></tr>
<tr><td rowspan="8">A28519505
出水水样</td><td colspan="2">检测项目 (Test Items)</td><td>检测结果 (Test Results)</td></tr>
<tr><td colspan="2">色度/倍</td><td>16 (样品呈淡黄色，透明)</td></tr>
<tr><td colspan="2">悬浮物/ (mg/L)</td><td>未检出 (<5)</td></tr>
<tr><td colspan="2">氨氮 (以 N 计) / (mg/L)</td><td>2.14</td></tr>
<tr><td colspan="2">总磷 (以 P 计) / (mg/L)</td><td>0.16</td></tr>
<tr><td colspan="2">磷酸盐 (以 PO_4^{3-} 计) / (mg/L)</td><td>未检出 (<0.1)</td></tr>
<tr><td colspan="2">化学需氧量 (COD_{Cr}) / (mg/L)</td><td>未检出 (<10)</td></tr>
<tr><td colspan="2">五日生化需氧量 (BOD_5) / (mg/L)</td><td>1.0</td></tr>
<tr><td>本页以下空白
(The page below is blank)</td><td colspan="2">本页以下空白
(The page below is blank)</td><td>本页以下空白
(The page below is blank)</td></tr>
<tr><td>检测项目 (Test Iterns)</td><td colspan="2">方法标准 (Reference Methods)</td><td>仪器设备 (Instrument and Equipment)</td></tr>
<tr><td>色度</td><td colspan="2">水质 色度的测定 GB 11903—1989.4</td><td>—</td></tr>
<tr><td>悬浮物</td><td colspan="2">水质 悬浮物的测定 GB 11901—1989</td><td>分析天平</td></tr>
<tr><td>氨氮</td><td colspan="2">水质 氨氮的测定 HJ 537—2009</td><td>—</td></tr>
<tr><td>总磷</td><td colspan="2">水质 总磷的测定 GB 11893—1989</td><td>紫外可见分光光度计</td></tr>
<tr><td>磷酸盐</td><td colspan="2">水和废水监测分析方法
第四版 增补版 3.3.7.2</td><td>离子色谱仪</td></tr>
<tr><td>化学需氧量 (COD_{Cr})</td><td colspan="2">水质 化学需氧量的测定 重铬酸盐法
GB 11914—1989</td><td>—</td></tr>
<tr><td>五日生化需氧量 (BOD_5)</td><td colspan="2">水质 五日生化需氧量 (BOD_5)
HJ 505—2009</td><td>生化培养箱</td></tr>
</table>

3.7.5 运行稳定性及业主评价

3.7.5.1 JZ9－3 WHPA 平台使用情况（表 3－10）

表 3－10 污水处理装置水质检测记录表

日 期	样品名称	外观及感官	COD/（mg/L）	取样时间
2016－01－01	生活污水	良好	74	10：00
2016－01－14	生活污水	良好	63	10：00
2016－02－01	生活污水	良好	56	10：00
2016－02－14	生活污水	良好	40	10：00
2016－03－01	生活污水	良好	35	10：00
2016－03－14	生活污水	良好	37	10：00
2016－04－01	生活污水	良好	21	10：00
2016－04－14	生活污水	良好	15	10：00
2016－05－01	生活污水	良好	25	10：00
2016－05－14	生活污水	良好	27	10：00
2016－06－01	生活污水	良好	30	10：00
2016－06－14	生活污水	良好	35	10：00
2016－07－01	生活污水	良好	25	10：00
2016－08－01	生活污水	良好	31	10：00
现场效果评价	该污水处理系统自 2016 年 1 月投入运行以来，设备运转稳定，出水水质清晰、COD 指标基本控制在 80mg/L 以下，水质没有出现较大的波动，也没有发生运转成本，效果明显			

3.7.5.2 JZ9－3 WHPE 平台使用情况（表 3－11）

表 3－11 污水处理装置水质检测记录表

日 期	样品名称	外观及感官	COD/（mg/L）	取样时间
2016－01－01	生活污水	良好	76	10：00
2016－01－15	生活污水	良好	70	10：00
2016－02－01	生活污水	良好	64	10：00
2016－02－15	生活污水	良好	40	10：00
2016－03－01	生活污水	良好	32	10：00
2016－03－15	生活污水	良好	37	10：00
2016－04－01	生活污水	良好	23	10：00
2016－05－01	生活污水	良好	25	10：00
2016－06－01	生活污水	良好	27	10：00
2016－06－15	生活污水	良好	30	10：00
2016－07－01	生活污水	良好	32	10：00
2016－07－15	生活污水	良好	20	10：00
2016－08－01	生活污水	良好	22	10：00
现场效果评价	该污水处理装置自 2016 年 1 月安装运行以来，设备运转稳定，出水水质清晰，COD 指标基本控制在 80mg/L 以下，水质没有出现较大的波动，也没有发生运转成本，效果明显			

3.8　电解法与电催化氧化工艺对比

关于电解法工艺与电催化氧化工艺，这里作一简单比较，以方便大家理解，参见表3-12：

表3-12　电解法工艺与电催化氧化工艺的比较

工　艺	外方电解法	我方电催化氧化	我方主体工艺
原　理	通过电解氧化或还原对污水进行处理	通过一种需氧化的可长时间使用的新型电解阳极，将阳极氧化、液动混料与成对电解技术集成为一个处理设备，使之能产生大量的羟基自由基，实现对有机污染物的快速“燃烧”	利用生物填料巨大比表面积附着大量微生物。 专利的FBAF工艺去除大部分有机物，然后利用电催化氧化法去除剩余的有机物并消毒，确保出水水质的稳定和在入水水质、水量波动时本系统的稳定运行。 FBAF工艺采用高效改性生物填料，利用填料的巨大比表面积附着大量微生物，同时填料在水中不断旋转、摆动、浮动等运动，加长氧气在水中运行路径（轨迹）和停留时间，提高的水中污染物、氧气和填料上的微生物接触碰撞机会和接触时间，提高氧气、养料的传质效率；并且填料改性后，填料极易附着微生物，并使微生物极易生长和繁殖，新的微生物在内层不断生长，且由于其生物黏性大，总是附着在填料变成，一旦填料上的微生物老化，老化的微生物不断推向填料外层，使其在运动中不断脱落。由此固定化微生物，使得微生物的世代周期和水力停留时间不一致（微生物泥龄长于水力停留时间），确保世代周期长的硝化细菌停留和繁殖。 电催化氧化法主要采用氧化剂及直流电，利用阴阳电极，FBAF出水的剩余有机物进一步氧化分解掉

4　海上高盐废水 FBAF－电解催化氧化污水处理装置原理和结构

海上高盐生活污水主要来源于黑水，即海上冲厕产生的高盐废水，这些高盐黑水进入污水处理装置和餐厅污水、洗浴洗漱废水混合，如此形成海上高盐废水与海上低盐废水有相同之处，也有许多不同之处。对其相同之处，就不多阐述，这里主要针对不同之处进行说明，并探讨其处理工艺和装置。

4.1　概况

海上平台生活污水排放的高盐废水，主要来自于海水冲厕时产生大量的高盐度黑水，如此利用海水冲厕的场合产生的都是高盐废水，而其他污水都是低盐废水：使用淡水后产生的低盐废水，如洗漱、洗衣、淋浴，包括食堂废水。海水冲厕一般是利用海水冲洗大、小便池，由于海上平台、船舶等装置抽取海水的便利性，厕所的基本情况是：小便池冲洗水不停，大便冲洗则是需要时即冲洗，因此导致冲洗厕所产生的废水量大，污染物浓度低等特点。从目前情况综合统计看，远海平台、大型平台即中心平台等冲厕废水多采用海水冲洗。

高盐黑水和灰水混合后进入污水处理装置。鉴于高盐黑水中污染物的可生化性强，高盐黑水与其他低盐污水混合后盐度降低，还是具有一定的可生化性等特点，只是微生物活性受到高盐度、氯根离子的影响，活性降低；但是鉴于生化处理成本低等特点。考虑到这些特点，海上高盐生活污水处理设备采用生物处理作为预处理工艺，配合电化学处理工艺，以此组合工艺处理黑水和灰水混合废水。黑水先进入生活污水处理装置，经过调质预处理后再和灰水混合，经过生化预处理、电催化氧化处理后外排。产生的污泥定期排泥。

4.2　高盐废水的 FBAF 工艺说明

由于采用 FBAF 工艺作为预处理，其 FBAF 工艺设计主要是参数选择不同，这里需要根据现场实际情况，如果现场条件允许，可以加大 FBAF 设备，加长其停留时间，减少后续催化氧化设备的处理负荷，如果条件不允许：如场地面积有限，空间受限等，FBAF 设备无法有太多的停留时间，则需要减少 FBAF 设备，但是为确保 FBAF 调质和生化功能，我们建议 FBAF 停留时间不少于 3～4h，作为最基本的保证，减少水质水量的剧烈波动，确保后续设备平稳运行。

当然，在高盐废水 FABF 设计时，由于微生物的活性相对淡水而言要低，所以其负荷需要降低，根据混合废水的盐度，分别作相应的调整，一般选取为低盐废水的 1/3 ~1/2，以确保系统设计的稳定、可靠。

至于 FBAF 工艺设计过程等都和低盐废水相差无几。作为设备，在高盐废水处理工艺设计和设备制造时，需要考虑高盐废水尤其是氯离子对金属容器的强烈腐蚀性，考虑综合性价比，我们建议选择 FRP 或 PP、PE、PVC 材质或利用其防腐：碳钢喷塑、碳钢玻璃钢防腐或碳钢衬胶，当然采用双相不锈钢或者钛钢也是允许的，但是其造价会大大提高。

4.3 高盐废水的催化氧化处理工艺

高盐废水经过 FBAF 工艺作为预处理，由于其高盐度、高氯根离子，高含盐量导致导电性好、电流效率高，使得其更适合采用电催化氧化。电解时高含盐量使得其电阻减少，导电能力增强，如此电解效率增高，加上采用催化氧化电极，促使其产生 · OH、O_3 等强氧化性物质，而海水中氯根离子在电解作用下还原成 Cl_2 并产生 ClO^- 等氧化性物质，这些物质在催化剂、催化氧化材料、载体下发生反应，通过电化学、催化氧化作用，把水中剩余有机物迅速氧化分解，高盐废水电解催化氧化，其效率相对于低盐废水，其效率要提高不少，资料表明，能提高 30% 以上。其原理和机理，在上述章节已经介绍，这里就不再重复。

5 FBAF－电催化氧化装置污泥减量化

通过 FBAF－催化电解污水处理装置在陆地、平台实验及现场使用中，发现最初在陆地、陆地终端和平台上的实验，总共半年多时间，系统抽不出污泥，后来在平台实际运行中，1 年多时间，也基本抽不出污泥，不用污泥浓缩装置。由此，平台解决了平台污水处理的污泥清掏、运输和减量化问题。介于上述原因及实际效果，我们对污泥减量化、FBAF－电催化氧化污泥减量化甚至污泥零排放作一讨论和总结。

5.1 污泥减量化研究意义

5.1.1 污泥处理现状

目前，全球 80% 以上的污水处理厂采用的是活性污泥法处理工艺，它最大的弊端就是处理污水的同时产生大量剩余污泥。污泥中的固体有的是截留下来的悬浮物质，有的是由生物处理系统排出的生物污泥，有的则是因投加药剂而形成的化学污泥，污水处理厂的污泥量约为处理水体积的 0.15% ~1%。因此，污泥的处理和处置，就是要通过适当的技术措施，使污泥得到再利用或以某种不损害环境的形式重新返回到自然环境中。这些污泥一般富含有机物、病菌等，若不加处理随意堆放，将对周围环境产生新的污染。

对这些污泥处理方法主要有：农用、填海、焚烧、埋地。但这些方法都无一例外地存在弊端。如污泥中重金属的含量通常超过农用污泥重金属最高限量的规定。此外，污泥中还含有病原体、寄生虫卵等，如农业利用不当，将对人类的健康造成严重的危害。填埋处置容易对地下水造成污染，同时大量占用土地。焚烧处置虽可使污泥体积大幅减小，且可灭菌，但焚烧设备的投资和运行费用都比较大。投放远洋虽可在短期内避免海岸线及近海受到污染，但其长期危害可能非常严重，因此，已被界上大多数国家所禁用。

欧洲国家每年用于处理剩余污泥的费用就高达 28 亿人民币。所以，任何有利于减少剩余污泥的措施都将带来巨大的经济效益。

5.1.2 污泥减量化研究的意义

同其他国家一样，我国污水处理厂也大多采用活性污泥法，它具有基建投资低、处理效果好的优点，但在运行中产生大量的剩余污泥。剩余污泥通常含有一定量的有毒有害物质及未稳定化的有机物，如果不进行妥善处理与处置，将对环境造成直接或潜在的污染。

传统活性污泥工艺，每降解 1kgBOD_5（Biochemical Oxygen Demand，五日生化需氧量）会产生大约 15 ~ 100L 的剩余污泥，用于处理或处置剩余污泥的费用约占污水处理总费用的 25% ~65%。随着新的环境法律、法规的颁布和实施，对污水排放标准和要求不断提高，必然会导致剩余污泥的产量增加，目前，污泥的处理与处置已成为全球环境领域的一大难题。

目前，对剩余污泥的处理与处置，存在有效性和经济性两个问题。首先，尚无一种可以推而广之，同时对环境无污染的有效方法，常用污泥处置方法有：农业利用、填埋、焚烧和投放远洋等，但这些处置方法都存在一些不足：如污泥中重金属的含量通常超过农用污泥重金属最高限量的规定，尤其是现代工业的快速发展，使污泥中重金属含量和有毒有害物质增加，大大降低了农用的可能；污泥中还含有病原体、寄生虫卵等，如果农业利用不当，将对人类的健康造成严重的危害；填埋处置容易对地下水造成污染，同时大量占用土地；焚烧处置虽然大幅度减少污泥体积，且可灭菌，但焚烧设备的投资和运行费用都较大；投放远洋虽然在短期内可以避免海岸线及近海污染，但其长期危害非常严重，因此，已被世界上大多数国家所禁用。其次，各种污泥处理与处置方法需要大量资金，在欧美，污泥处理基建费用占污水处理厂总基建费用的比例的 60% ~70%。随着人们环保意识的增强，世界各国对于污泥排放的标准越来越严格，这也进一步加大污泥的处置难度和费用。

剩余污泥的处理和处置不仅给污水处理厂带来沉重的负担，而且也成为各国政府和民众密切关注的问题。因此，解决剩余污泥问题已迫在眉睫。污泥减量化技术正是在这一背景下提出的，所谓污泥减量化技术，就是在保证污水处理效果的前提下，采用适当的措施使处理相同量的污水所产生的污泥量降低的各种技术，由此可见，污泥减量化技术有着显著的社会效益和经济效益。

5.2 污泥减量化的理论基础

5.2.1 维持代谢和内源代谢

人们通常把微生物用于维持其生活功能的这部分能量称为维持代谢能量，一般认为，维持代谢包括细胞物质的周转、活性运输、运动等，这部分基质消耗不用来合成新的细胞物质，因此，污泥的产量和维持代谢的活性呈负相关。Herbert 在 1956 年提出，维持能量可通过内源代谢来提供，部分细胞被氧化而产生维持能量。从环境工程角度看，内源呼吸通常指生物量的自我消化，在连续培养生长时可同时发生内源代谢。内源代谢的主要优势在于进入的基质最终被呼吸成为二氧化碳和水，使生物量下降。因此，在废水处理工艺中，内源呼吸的控制比微生物生长控制和基质去除控制更为重要。

5.2.2 解偶联代谢

代谢是生物化学转化的总称，分为分解代谢和合成代谢。微生物学家认为，细胞产量和分解代谢产生的能量直接相关，但在某些条件下，如存在质子载体、重金属、异常温度和好氧-厌氧交替循环时，呼吸超过了ATP产量，即分解代谢和合成代谢解偶联，此时微生物能过量消耗底物，底物的消耗速率很高。Cook和Russell报道，在完全停止生长时，细菌利用能源的速率比对数生长期的高1/3，这表明细胞能通过消耗膜电势、ATP水解和无效循环处置其胞内能量。在解偶联条件下，大部分底物被氧化为二氧化碳，产生的能量用于驱动无效循环，但对底物的去除率不会产生重大影响。能量解偶联的特殊性在于它是微生物对底物的分解和再生，而没有细胞质量的相应变化。从环境工程意义上讲，能量解偶联可用于解释底物消耗速率高于生长和维持所需之现象。因此，在能量解偶联条件下活性污泥的产率下降，污泥产量也随之降低。通过控制微生物的代谢状态，最大程度地分离合成代谢和分解代谢，在剩余污泥减量化上将是一个很有发展前景的技术途径。

5.3 国内外污泥减量技术的研究进展

目前，用于污泥减量化的技术主要有三类：第一类是基于细胞溶解（或分解）-隐性生长的污泥减量技术；第二类是增加系统中细菌捕食者的数量，是模拟自然生态系统中的食物链原理进行的污泥减量化技术；第三类是采用化学或生物方法促进解偶联代谢，造成能量泄漏，从而使生物生长效率下降。这些方法都有各自的优缺点，现将各类技术介绍如下：

5.3.1 基于隐性生长的污泥减量技术

隐性生长是指细菌利用衰亡细菌所形成的二次基质生长，整个过程包括了溶胞和生长。图5-1表示传统的细胞衰减模式，图5-2表示细胞衰减的溶解再生长模式。这就需要利用各种溶胞技术，使细菌迅速死亡并分解为基质再次被其他细菌所利用，从而使细胞残留物减少，促进细胞溶解。在传统模型中，可以认为是增大了细胞衰减速率，这样可以降低剩余污泥的产量。目前，有几种方法促进微生物的细胞溶解：降低污泥负荷比例（提高污泥浓度）、增加污泥龄、提高温度改变工艺运行操作方式的方法；采用臭氧、碱、酸等化学处理方法；以及超声波或机械破碎分解等物理处理方法。这几种方法既可单独使用，又可综合使用。

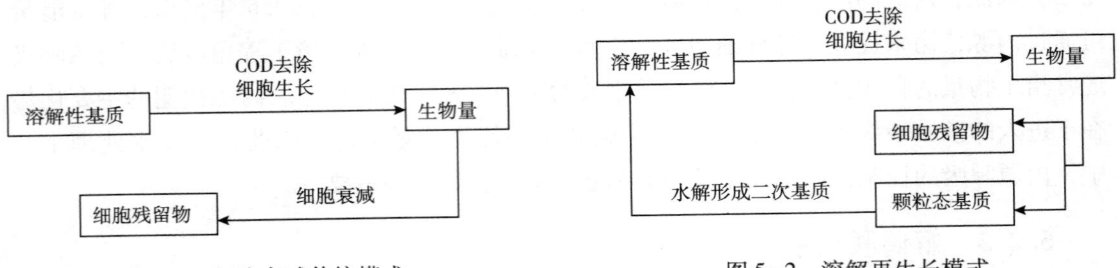

图5-1　细胞衰减传统模式　　图5-2　溶解再生长模式

在传统活性污泥法工艺中的污泥回流管线上增加相关处理装置，通过溶胞强化细菌的

自身氧化，增强细菌的隐性生长。所谓隐性生长是指细菌利用衰亡细菌所形成的二次基质生长，整个过程包含了溶胞和生长。利用各种溶胞技术，使细菌能够迅速死亡并分解成为基质再次被其他细菌所利用，是在污泥减量过程中广为应用的手段。

5.3.1.1 臭氧

原理是：曝气池中部分活性污泥在臭氧反应器中被臭氧氧化，大部分活性污泥微生物在臭氧反应器中被杀灭或被氧化为有机质，而这些由污泥臭氧氧化而来的有机质在随后的生物处理中被降解，臭氧可破坏不容易被生物降解的细胞膜等，使细胞内物质能较快地溶于水中，同时氧化不容易水解的大分子物质，使其更容易为微生物所利用。Kamiya 和 Hirotsuji 的研究表明，当曝气池中的臭氧剂量为 10mg/（gMLSS · d）时，可使剩余污泥产量减少 50%，而高至 20mg/（gMLSS · d）时，则无剩余污泥产生。其中，间断式臭氧氧化要优于连续式，在间歇式反应器中，臭氧每天平均接触时间在 3h 左右就可以达到减量 40% ~60%。但是，臭氧浓度较高会使 SVI（污泥体积指数）值迅速下降到开始的 40%，影响污泥的沉降性能。

在当前的活性污泥理论中，污泥停留时间（θ_c）被定义为单位生物量在处理系统中的平均滞留时间。许多研究表明，θ_c 在活性污泥工艺中是最重要的运行参数。对于稳态运行系统，θ_c 和比生长速率呈负相关，污泥产率（Y_{obs}）和污泥停留时间的关系可用式（5-1）表示：

$$1/Y_{obs} = 1/Y_{max} + \theta_c K_d / Y_{max} \quad (5-1)$$

式中 Y_{max}——真正生长速率；

K_d——比内源代谢速率。

式（5-1）表明，在稳态活性污泥工艺中，污泥停留时间和内源代谢速率呈负相关，可以通过调节 θ_c 来控制污泥产量。可见，在相对长的 θ_c 下的纯氧曝气工艺有利于减少剩余污泥量。臭氧联合活性污泥工艺将是一种能够减少剩余污泥产量且进一步改善污泥沉降性能的有效技术，今后的研究将着重于臭氧剂量和投加方式的最优化方面。

日本学者 Yasui 等早在 1990 年就率先提出了臭氧与传统活性污泥工艺结合的污泥减量技术，工艺流程如图 5-3 所示，即在常规的活性污泥工艺中，增加一套臭氧处理装置，把部分回流污泥引入臭氧处理器中，污泥经过臭氧处理后再返回到曝气池中，达到污泥和污水双重处理的功效。在此工艺中，剩余污泥的消化与污水处理在同一个曝气池中同时进行。工艺分成两个过程，一个是臭氧氧化过程，另一个是生物降解过程。实验表明，当曝气池中臭氧的日投量为 10mg（以每克 MLVSS 计）时，剩余污泥产量减少 50%。

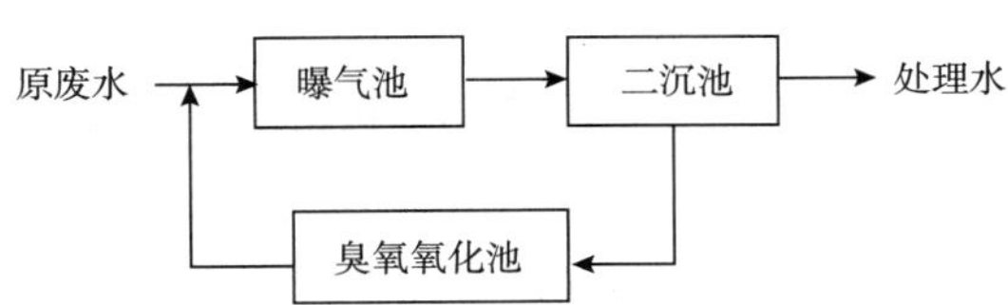

图 5-3 臭氧污泥减量技术的工艺流程图

5.3.1.2 氯气

和臭氧相同，利用其氧化性对细胞进行氧化，促进溶胞。虽然氯气比臭氧便宜，但氯气能够和污泥中的有机物产生反应，生成三氯甲烷（THMs）等氯代有机物，是不容忽视的问题。

有人采用氯来进行污泥量研究，整个工艺类似臭氧化工艺。结果表明，当氯的投加量为133mg/（g·MLSS·d）时，污泥产量减少了65%。但氯化处理会产生比较差的污泥沉淀性以及出水中溶解性COD（Chemical Oxygen Demand，化学需氧量）的明显增加，此外，氯化过程中会产生三氯甲烷等具有危害性的副产物，这些给此技术的工业化应用带来一定的挑战。

5.3.1.3 酸、碱

酸碱可以使细胞壁溶解释放细胞内物质，相同pH条件下，H_2SO_4的溶胞效果要优于HCl，NaOH的效果要优于KOH；在改变相同pH条件下，碱的效果要好于酸，这可能是由于碱对细胞的磷脂双分子层的溶解要优于酸的缘故。

5.3.1.4 物理溶胞技术

1）加热

不同温度下，细胞被破坏的部位不同。在45～65℃时，细胞膜破裂，rRNA被破坏；50～70℃时，DNA被破坏；65～90℃时，细胞壁被破坏；70～95℃时，蛋白质变性。不同的温度使细胞释放的物质也不同，在温度从80℃上升到100℃时，TOC和多糖释放的量增加，而蛋白质的量减少。

2）超声波

超声波处理（如240W，20kHz，800s）只是从物理角度对细胞进行破碎，和投加碱相比，在短时间内有迅速释放细胞内物质的优势，但在促进细胞破碎后固体碎的水解却不如投加碱和加热。其机理就是：以微气泡的形成、扩张和破裂达到压碎细胞壁、释放细胞内含物的目的。

北京建筑工程学院曹秀芹等人在活性污泥系统中采用超声波处理剩余污泥。超声波通过交替的压缩和扩张产生空穴作用，促进微气泡的形成、扩张和破裂，压碎细胞壁、释放细胞内所含的成分和细胞质。细胞溶解加快，从而达到污泥脱水和减量。结果表明，在声能密度0.25～0.50W/mL范围内，经过1～30min的超声波处理，系统表观产率显著下降，剩余污泥产量可以减少20%～50%，同时污泥沉降性能得到改善，但活性污泥系统的出水水质略有下降。

3）压力

利用压力使细菌的细胞壁在机械压力的作用下破碎，从而使细胞内含物溶于水中。

5.3.1.5 生物溶胞

投加能分泌胞外酶的细菌，酶制剂或抗菌素对细菌进行溶胞。酶一方面能够溶解细菌的细胞，同时还可以使不容易生物降解的大分子有机物分解为小分子物质，有利于细菌利用二次基质。但是，在污水处理中投加酶制剂或是抗菌素在经费上不太现实。

5.3.1.6 高浓度溶解氧

有很多研究表明，细胞表面的疏水性、微生物活性和胞外多聚物的产生都和反应器中的溶解氧水平有关，这预示着溶解氧对活性污泥的能量代谢有一定的影响，进而影响碳在分解代谢和合成代谢中的分布。高溶解氧活性污泥工艺能有效地抑制丝状菌的发展，纯氧活性污泥工艺即使在高污泥负荷率下，也可比传统的空气活性污泥工艺减少54%的污泥量。和传统空气曝气工艺相比，纯氧工艺能使曝气池中维持高浓度MLSS，污泥沉降和浓缩性能好、污泥产量低、氧气转移效率高、运行稳定。Abbassi等人报道，当小试规模的传统活性污泥反应器的溶解氧从1.8mg/L增加到6.0mg/L时，剩余污泥量从0.28mgMLSS/mgBOD_5下降为0.20mgMLSS/mgBOD_5。

由此可见，高溶解氧工艺在剩余污泥减量化和工艺运行效能的提高方面有很大潜力。

一些人采用混合高温细菌种群，研究了细胞溶解产物的最适消化条件。采用面包酵母作为唯一的有机碳源悬浮于无机盐培养基中，连续向反应器提供这种培养基，改变温度和供氧量，细胞溶解和生物降解的最佳条件是60℃、氧气限制、5d停留时间，污泥可减少52%。

降低污泥负荷、增加污泥龄等可以使微生物的细胞溶解。据国外报道，当污泥龄从2d增加至18d时，剩余污泥产量下降60%，但COD去除率不变。国外研究人员在高纯氧活性污泥系统中，当污泥龄从3.7d增到8.7d时，污泥产量从0.38mg/mg COD降至0.28mg/mg COD。

1991年，在膜生物反应器处理生活污水的小试中，Chaize和Huyard首次研究了膜生物反应器对污泥产率的影响。在污泥停留时间为50d和100d时，污泥产量大大减少，他们认为这是低污泥负荷比值和较长污泥龄的结果。膜生物反应器处理生活污水的中试研究表明，当污泥浓度高达40～50g/L和污泥完全截留时，几乎不产生污泥。我国学者杨造燕利用膜生物反应器，将污泥全部截留在反应器内，使得反应器内污泥浓度很高，污泥负荷低，且污泥泥龄很长，出水水质很好，污泥自身氧化，减少剩余污泥产量，甚至达到无剩余污泥排放。

5.3.2 基于微型动物捕食的污泥减量技术

微型动物捕食污泥减量技术的机理就是生态学的理论，食物链越长，能量在传递过程中被消耗的比例就越大，最终在系统中存在的生物量就越少。细菌、原生动物、寡毛类、线虫等各种生物，它们之间组成一条食物链。活性污泥法处理污水的过程是水体自净过程的模拟与人工强化，是一个人工生态系统，其中一般包括细菌、原生动物和轮虫、线虫、寡毛类、昆虫幼虫等后生动物。污水中的溶解性有机污染物首先被细菌消耗，处于不同状态的细菌，又被不同种类的微型动物所捕食，形成复杂的食物链（细菌→原生动物→后生动物）关系。众所周知，由于低效的生物转换，能量在从低营养级（细菌）向高营养级（原生动物和后生动物）的传递中发生损失，从生态学角度看，系统中存在的食物链越长，传递中的能量损失就越大，那么用来合成生物体的能量就越少，所以减少生物量的一个方法是根据生态原理，在食物链中极大地促进捕食细菌的生物体生长。原生动物是活性污泥中最常见的细菌捕食者，可分为游离型、爬行型和附着型三种，约占生物体总量的5%，其中70%的原生动物是纤毛虫，后生动物通常为线虫和轮虫。纤毛虫类原生动物被认为是出水水质良好的指示生物，在污水处理系统中原生动物和后生动物的存在是生物种群健康成熟的标志。

利用微型动物对污泥进行减量，一般从以下三个方面着手研究：一是利用微型动物在食物链中的捕食作用；二是直接利用微型动物对污泥的摄食和消化，在减少污泥的容量的同时增加污泥的可溶性；三是利用微型动物来增强细菌的活性或增加有活性的细菌的数量，从而增强细菌的自身氧化和代谢能力。在曝气池中由于不断地曝气、剧烈地搅拌，对于大型生物的生存极为不利，还有就是各种微生物都随着废水一起流动，有可能还没来得及增殖就从曝气池流失，所以活性污泥法不可能有较长的食物链。曝气池中后生动物数量较少，不能大量消耗菌胶团（菌胶团是构成活性污泥絮状体的主要成分，有很强的吸附、氧化有机物的能力），这使得在活性污泥生态系统中，物质和能量的传递并不顺畅，绝大部分物质和能量停留在初级消费者——细菌这个营养级上，而不能通过向更高营养级的传递使生物量减少，这是形成大量剩余活性污泥的根本原因。

目前，利用微型动物捕食作用进行污泥减量的手段主要包括直接接种微型动物和两段式工艺两种。

直接接种微型动物是在常规污水处理系统中培养微型动物（如在传统活性污泥法或膜－生物反应器的曝气池中培养微型动物）。

所谓两段式工艺，第一段为分散细菌培养阶段（分散培养反应器 R1），R1 中无污泥回流且泥龄较短，利用污水中丰富的有机食料刺激游离细菌快速增殖，促进分散细菌生长的同时，达到对污水中有机物的降解。其目的是在细菌高速降解有机物的同时不形成菌胶团，其固体停留时间要小于细菌的世代时间；第二阶段为捕食阶段（捕食反应器 R2），促进原、后生动物的生长。R2 反应器则专为捕食者设计，此阶段泥龄较长，有着适合于微型动物增殖的环境条件。两段式生物反应器，第一阶段分散培养反应器的水力停留时间（HRT）是关键的运行参数。HRT 需要足够长，以免细菌随水流冲走，但又不能过长，否则会形成细菌聚集体以及出现大量微型动物。在第二阶段中为了保持一定量的原、后生动物的生长，要求污泥龄长于水力停留时间。该阶段可以利用生物膜法工艺或膜－生物反应器达到要求。两阶段法中第一阶段使细菌能够在分散的状态下更有效地降解有机物。Lee 和 Welander 等人用两段式工艺处理人工合成污水，结果表明，R2 段（悬浮载体生物膜反应器）中的污泥产量显著减少，比 R1 段的污泥量少 60% ~80%；总污泥产量为 0.15 ~0.17g［TSS］/g［COD］。此后，他们进一步研究了两段式工艺对纸浆和造纸废水的处理，结果表明，该系统的污泥产量（0.01 ~1.23g［TSS］/g［COD］）明显比传统活性污泥工艺（0.2 ~0.4g［TSS］/g［COD］）少。Ghyoot 等人还对不同组合的两段式系统（第二段为传统活性污泥工艺或淹没式膜生物反应器）进行了比较，结果表明，由于膜生物反应器中微型动物含量比传统活性污泥工艺多，在相同的污泥停留时间和污泥负荷条件下，

膜生物反应器—两段式系统的污泥产量比传统活性污泥工艺—两段式系统少20% ~30%；同时在膜生物反应器—两段式工艺中，由于大量微型动物对硝化细菌和聚磷菌的过度捕食，使得出水的氮、磷浓度高。

有人用生物膜作为R2段的捕食反应器，处理人工合成污水，获得的污泥产量为0.05 ~0.17gSS/gCOD，比用传统方法减少约30% ~50%的污泥量。相对原生动物而言，轮虫在削减剩余污泥量的过程中可能起着更大的作用，因为他发现当轮虫的数量占优势时，剩余污泥的产量最小。Ghyoot发现，由于丝状菌和鞭毛虫的过量生长，两段式系统有时会发生污泥膨胀，导致出水水质下降。应用两段式生物反应器或者直接向曝气池中投加微型动物以削减剩余污泥量在理论上是可行的，在实验中也取得了较为理想的结果。但是，由于这些研究尚处于起步阶段，要将这些观念和方法应用于具体的工程实践，仍有很多问题需要解决，例如，投加微型动物的量和投加方式，由于微型动物的活动引起的出水中N、P浓度的升高，以及为了维持微型动物的生长所需的较高溶解氧等。

我国的瞿小蔚等采用两段式膜生物反应器作为原生动物的哺育系统，培养富含原生动物的污泥，然后将其定期接种于普通活性污泥中，污泥产率由0.02kgMLSS/kg COD减小至－0.47kgMLSS/kg COD，同时污泥絮凝沉降性能得到改善，系统的COD去除率、硝化率得到提高，出水悬浮物浓度得以降低。Rensink等人则利用蠕虫来减少剩余污泥量，在对比实验中，没有蠕虫的反应器污泥产率系数是0.4gMLSS/g COD，而接种蠕虫的反应器污泥产率系数0.16gMLSS/g COD，减量效果是明显的。清华大学钱易等人利用红斑瓢体虫来减少剩余污泥产量，结果表明，污泥产率系数与红斑瓢体虫密度成负相关，剩余污泥减量效果达到39% ~58%，此外，红斑瓢体虫的存在有利于改善污泥的沉降性能，且对COD、氨氮和总磷的去除效果影响不大。

在实践中，人们发现伴随着一种仙女虫（Naiselinguis）大量发生，污泥的产量显著减少，用于曝气所需的能量也大大降低。Ratsak发现，蚓类种群的大小与剩余污泥产量间有明显的关系。但由于这些蚓类在曝气池中的数量变动剧烈，且没有规律，无法人为控制，所以还不能直接应用于生产实践。Rensink等向加有塑料载体的活性污泥系统中投入颤蚓（Tubificidae），发现剩余污泥产量从0.4gMLSS/g COD降至0.15gMLSS/g COD，污泥体积指数（SVI）从90降至45，污泥的脱水能力提高了约27%。

另外，还有红斑螵体虫在活性污泥系统的曝气池中较为常见。根据已有文献报道，影响红斑螵体虫在曝气池中出现的操作因素有两个方面：一是污泥龄（SRT），较短的SRT不能有效地保持红斑螵虫的存在；二是进水负荷，通常在负荷较低情况下，容易出现原生动物和后生动物当每天排泥占反应器体积的36%左右时，可将每天新增的红斑螵体虫排出；而当反应器的排泥量大于36%时，可能造成由于过量排泥使得虫体流失；当排泥量小于36%时，则可以保证红斑螵体虫的生长。因此可以将36%作为增长率为0.45d时的排泥上限，即当红斑螵体虫的净增长率为0.45d^{-1}时，SRT >3d方可使红斑螵体虫保持在反应器中，而这在活性污泥处理系统中是容易做到的。在进水负荷小于0.6mg2COD/(mgVSS · d)时，对红斑螵体虫的出现没有大的影响，而当进水负荷大于0.7mgCOD/

(mgVSS · d) 后，可能会对红斑螵体虫的出现造成影响。

无论是两段式生物反应器，还是直接向活性污泥系统中投入后生动物，均可降低剩余污泥产量，但是矿化作用使得氮和磷释放成为一个尚待解决的问题。

还有一种蚯蚓生态床处理剩余污泥。该过滤系统是一个具有多结构、多层次、各取所需、相互协同的生态网链，该生态网链中蚯蚓等微型动物和微生物对剩余污泥具有较强的广谱利用和分级利用功能，从而实现了剩余污泥较彻底的分解和转化，利用由蚯蚓和微生物共同组成的人工生态系统对污水处理厂剩余污泥进行了为期半年的脱水和稳定处理，结果表明，蚯蚓生态系统集浓缩、调理、脱水、稳定、处置和综合利用等多种功能于一身：①蚯蚓和微生物将污泥作为生长营养源，对其进行分解和吸收；②蚓粪是高效农肥和土壤改良剂；③在生态床中增殖的蚯蚓具有重要的饲料和药用价值。剩余污泥经蚯蚓污泥稳定床处理后，可全部被生态系统吸收利用和转化，具有流程简单、管理方便、无二次污染、造价和运行费用低廉、副产物具有经济利用价值等特点。生态滤床构造十分简单，因此其工程造价将比常规的污泥处理和处置设施大幅度减少，其运行费用亦十分低廉。据估算，生态滤床处理剩余污泥的工程造价和运行费用可比常规方法大幅度节省，具有工程应用潜力。

是否还有其他微型动物可以应用，如轮虫、线虫或者别的寡毛蚓类，投放的微型动物与所处理的污水类型有没有关系，以及有没有更简单高效的微型动物哺育系统，这些都是将来需要深入研究的问题。由于这些研究尚处于起步阶段，要将这些观念和方法应用于具体的工程实践，仍有很多问题需要解决。

5.3.3 基于解偶联的污泥减量技术

细菌氧化底物所获得的能量不用于合成细胞本身，即 ATP（ade-nodine5’-triphosphate，腺苷三磷酸）不随底物被氧化的同时大量合成或者合成以后迅速由其他途径释放，正常情况下，生物的分解代谢和合成代谢是由腺苷三磷酸和腺苷二磷酸之间的转化而联系在一起的，即分解一定的底物，将有一定比例的生物体合成。但在特殊情况下，底物被氧化的同时 ATP 不大量合成或者合成以后迅速由其他途径释放。总体上使得细菌的分解代谢和合成代谢不再由 ATP 的合成与分解反应偶联在一起，这样细菌在保持正常分解底物的同时，自身合成速度减慢，表观产率系数降低，从而达到降低污泥产量的目的。

微生物解偶联生长有以下五种情况可能发生：影响生长的物质存在（投加化学物质如解偶联剂等）、过剩能量存在、在过渡时期生长（好氧 - 沉淀 - 厌氧工艺）、在不适宜的温度下生长（提高温度）、有限制性基质（生长因子限制：如氮源的限制）。

解偶联剂解偶联是该物质通过与 H^+ 的结合，降低细胞膜对 H^+ 的阻力，携带 H^+ 跨过细胞膜，使膜两侧的质子梯度降低。降低后的质子梯度不足以驱动 ATP 合酶合成 ATP，从而减少了氧化磷酸化作用所合成的 ATP 量，氧化过程中所产生的能量最终以热的形式被释放掉。Low 等人报道，在实验室规模的活性污泥系统中，当加入对硝基酚后生物量的产生可减少 49%，当对硝基酚浓度达 120mg/L 时无剩余污泥产生。合肥工业大学柳会雄等人采用序批式活性污泥反应器试验研究了解偶联剂 2，4 – 二氯酚的污泥减量化效果。当 2，4 – 二氯酚的浓度在 1 ~5mg/L 时能有效地减少剩余污泥产率，而不影响污水处理效果。

解耦联机理：三磷酸腺苷（ATP）是键能转移的主要途径，是能量转移反应的中心，微生物的合成代谢通过呼吸与底物的分解代谢进行偶联，当呼吸控制不存在，生物合成速率成为速率控制因素时，解偶联新陈代谢就会发生，并且在微生物新陈代谢过程中产生的剩余能量没有被用来合成生物体。在能量解偶联条件下，活性污泥的产率下降，污泥产量也随之降低。微生物学家认为，细胞产量和分解代谢产生的能量直接相关，但在某些条件下，如存在质子载体、重金属、异常温度和好氧 – 厌氧交替循环时，呼吸超过了 ATP 产量，即分解代谢和合成代谢解偶联，此时微生物能过量消耗底物，底物的消耗速率很高。在完全停止生长时，细菌利用能源的速率比对数生长期的高 1/3，这表明细胞能通过消耗膜电势、ATP 水解和无效循环处置其胞内能量。能量解偶联的特殊性在于它是微生物对底物的分解和再生，而没有细胞质量的相应变化。通过控制微生物的代谢状态，最大程度地分离合成代谢和分解代谢，在剩余污泥减量化上将是一个很有发展前景的技术途径。

好氧 – 沉淀 – 厌氧（OSA）工艺，是一种解耦联污泥减量化工艺，该工艺是在污泥的回流过程中插入一级厌氧生物反应器，这种工艺已经用来成功地抑制污泥的丝状膨胀的发生，可减少一半的剩余污泥产量，好氧 – 厌氧循环方法被用于活性污泥工艺中剩余污泥的减量化。其机理就是，好氧微生物从外源有机底物的氧化中获得 ATP，当这些微生物突然进入没有食物供应的厌氧环境时，就不能产生能量，不得不利用自身的 ATP 库作为能源，在厌氧饥饿阶段，没有一定量的细胞内 ATP 就不能进行细胞合成，因而，微生物通过细胞的异化作用，消耗基质来满足自身对能量的需求，交替的好氧 – 厌氧处理引起的能量解偶联就为 OSA 处理技术奠定了污泥减量化的理论基础。Chudoba 等人比较了 OSA 工艺和传统活性污泥工艺的污泥产量，发现 OSA 工艺比传统工艺污泥产率降低了 20% ~65%，SVI 值也比传统活性污泥工艺低。

例如：上海锦纶厂废水处理站的剩余污泥达到零排放是运用了朱振超和刘振鸿等人的好氧 – 沉淀 – 兼氧活性污泥工艺。还有张全等人采用好氧 – 沉淀 – 微氧活性污泥工艺使污泥量由 80% 减少为 15% ~20%，系统基本上可做到无污泥排放。

由此可见，OSA 工艺在污泥减量化上是相当可行的。

在厌氧、好氧交替改变的环境下，微生物的表观产率系数减少。这是因为好氧微生物在底物过量的好氧段所产生的 ATP 不能立即用于合成代谢，而是在底物缺乏的厌氧段作为维持能被消耗。好氧 – 沉淀 – 厌氧工艺流程如图 5-4 所示。

好氧 – 沉淀 – 厌氧工艺（OSA 工艺）是在传统活性污泥工艺的污泥回流过程中进行厌氧消化，为微生物提供了一个好氧 – 厌氧交替改变的环境，从而达到降低污泥产量的目的。Westgarth 等采用好氧 – 沉淀 – 厌氧工艺，成功地抑制丝状菌的生长，可减少一半的剩余污泥产量。Chudoba 和 Cadeville 比较了 OSA 工艺和传统活性污泥工艺的污泥产率，发现在好氧 – 沉淀 – 厌氧工艺中的污泥产率比传统活性污泥工艺减少了 20% ~65%，而且 SVI（污泥容积指数）值大大低于传统活性污泥工艺，即 OSA 工艺可提高活性污泥的沉降性

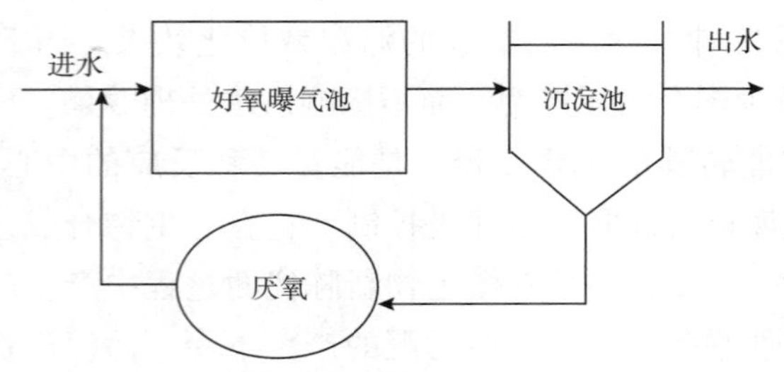

图5-4　好氧-沉淀-厌氧工艺（OSA工艺）

能。我国的朱振超等人采用好氧-沉淀-兼氧活性污泥工艺，使上海锦纶厂废水处理站的剩余污泥达到零排放。张全等人采用好氧-沉淀-微兼氧活性污泥工艺，污泥量由80%减少为15%~20%。系统基本上可做到无污泥排放。

锌、铜等重金属是蛋白质的沉淀剂，可以使酶蛋白失活，从而抑制微生物的呼吸。活性污泥微生物在重金属的作用下，呼吸作用受到抑制，产率也会相应地减少。Alberto等在1991年研究了锌和铜对活性污泥生长方式的影响，研究表明，当锌的质量浓度大于5mg/L时，污泥产量开始下降，10mg/L时，产量下降达15%；而当铜的质量浓度为10mg/L时，产量下降了58%。

另外，有人发现通过提高S_0/X_0［即m（COD）/m（MLSS）］比值可以使微生物发生过剩能量解偶联，大幅度降低污泥产率。降低污泥二次处理费用，但是，这种工艺由于曝气时间短，所以处理效果相对较差。

1）投加解偶联剂

解偶联剂能起到解偶联氧化磷酸化作用，限制细胞捕获能量，从而抑制细胞的生长，故能减少污泥产量。解偶联剂其作用机理是该物质通过与H^+结合，降低细胞膜对H^+的阻力，携带H^+跨过细胞膜，使膜两侧的质子梯度降低，降低后的质子梯度不足以驱动ATP合酶合成ATP，从而减少了氧化磷酸化作用所合成的ATP量。如：TCS解偶联剂（3，3′，4′，5-四氯水杨酰苯胺）能有效降低剩余污泥产量，只要在反应器中保持TCS一定的浓度，就能降低剩余污泥的产率。TCS能有效地降低活性污泥分批培养物中的污泥产率，随进水中TCS浓度的提高，污泥产率迅速下降，但污泥的COD去除能力并未受影响，出水中的NH_4^+-N和TN含量也和对照相当，同时发现污泥的SOUR值和DHA提高，说明化学解耦联剂对微生物有激活作用，微生物的种群结构也发生了改变，经过40d的运行后，添加TCS的反应器污泥中丝状菌很少，虽然污泥较疏松，但污泥的沉降性能未见影响。上述结果表明，采用化学解耦联剂来降低活性污泥工艺中的剩余污泥产量，以降低污泥的处理与处置费用这种方法有发展前景，值得进一步地深入研究。

但是，解偶联剂对现有污水处理应用中存在以下问题：①所投的药在较长时间后由于微生物的驯化而被降解，从而失去解偶联作用；②当加入解偶联剂后，需要更多的氧去氧化未能转化成污泥的有机物，从而使得供氧量增加；③对投加解偶联剂的费用还需要作比较，由于在污水中的浓度需要维持在4~80mg/L，用量大；④解偶联剂在实际应用中的最大弊端是环境问题，解偶联剂通常是难降解的有毒物，可能发生二次污染。

2）高S_0/X_0（底物浓度/污泥浓度）条件下的解偶联

简单地说，就是细胞分解能量大于合成能量，从而使细胞的分解数量大于合成数量，最终降低微生物产率系数。解偶联机理有两种解释：一是积累的能量通过粒子（如质子、钾离子）在细胞膜两侧的传递削弱了跨膜电势，随后发生氧化磷酸化解偶联；二是减少了生物体内部分新陈代谢的途径（如甲基乙二酸途径）而回避了糖酵解这一步。高 S_0/X_0 条件下解偶联还不能用于实际的污水处理中，微生物产生的不完全代谢的产物还可能对整个处理过程产生影响，而且要求相对高的 S_0/X_0 值（>8~10）远远大于实际活性污泥法处理污水时的情况（$F/M=0.05\sim0.1$）。

5.3.4 无剩余污泥排放

5.3.4.1 臭氧处理法

部分回流污泥引入臭氧处理器中，进行臭氧连续循环处理。用臭氧对污泥进行处理，细菌被杀死，细胞壁被破坏，细胞质溶出，便于生物分解。臭氧的强氧化性，溶解、氧化污泥中的有机成分，再返回至曝气池，达到废水、污泥双重处理的功效，臭氧与细胞进行反应时并非使细菌成分无机化，主要是使菌体外的多糖类及细胞壁成分转化为特别容易生物降解的分子，该方法适合于可生化性较好，含磷量低于排放标准的废水，但设施负荷不易过大。有研究表示，臭氧处理污泥的循环率保持在 0.3 左右是保证“零”污泥的条件，换句话说，由臭氧处理过的约 1/3 的污泥在曝气槽内被生物分解而无机化（气体化），残余的 2/3 又变换为活性污泥。另外在 pH 值保持在 3 时，臭氧反应得到促进。

5.3.4.2 多级串联接触曝气法

把曝气池分隔成若干格，相互间具有一定的独立性，并在其中挂上填料，填料要选用易挂膜不易脱落的品种。其第一格可称为细菌生长区，浓度负荷较高，环境相对不稳定，第二格为原生动物生长区，浓度大致只有前面的 6%，第三格、第四格有机物浓度降至更低，环境更为稳定，适合后生动物生长繁殖。第三格、第四格内原生动物又被后生动物吞食，死后的后生动物被细菌分解。在污水处理工艺中成功地衔接该生物链，则必将使剩余污泥量大为减少。

5.3.4.3 污泥机械破碎法

把机械浓缩之后的污泥用机械破碎（如一般的食品粉碎机），把破碎之后的污泥再汇流到曝气池，污泥破碎后，部分成为可溶性物质，因此破碎污泥的浓度下降而上清液浓度上升。总的看来，减量效果显著，只是处理水质较参照系有所下降，因而高负荷的设计值应予避免。

5.3.4.4 多级活性生化处理工艺

其实它也是生物法的一种，只是在运行设备上的改进，得以使剩余污泥为“零”排放。系统是一组从空间上分隔成串联的 8~12 个单元的微生物菌群来净化水中的污染物质，这些微生物菌群形成食物链，模拟自然生态环境，使每一种生物成为食物链上上一级微生物的“粮食”，前段的微生物、自身氧化的微生物及剩余微生物的残体被后段的微生物吃掉，从而使整个系统不产生剩余污泥。每个单元设有单独控制的曝气装置，和单独的填料框架和填料。填料为经过特殊处理的合成纤维，用以固定水中的微生物。菌种是经过驯化的，能够构成食物链的一组微生物菌群，以干污泥的形式作为接种污泥，从而加快微生物的培养。

实例：北京某油脂厂，废水间歇排放，平均水量 100t/d，进水 COD_{Cr} 平均浓度 1292mg/L，出水 COD_{Cr} 平均浓度 82mg/L，COD_{Cr} 平均去除率 93%。

5.4 新进展：湿式－氧化两相技术（WAO）

将溶解和悬浮在水中的有机物和还原性无机物，在液态下加压加温，并且利用空气中的氧气将其氧化分解以达到减少污泥产量的目的。湿式氧化采用间歇式高压反应釜，厌氧采用两相厌氧反应器 UASB。运行结果显示：对化工污泥和炼油污泥有良好的去除率和良好的稳定性，经过处理之后的污泥中的水分被释放出来，从而有利于污泥的沉降，减少了污泥的体积。齐鲁石化公司在现实中已经应用了这种工艺，取得良好的效益，湿式氧化－两相厌氧消化－离心脱水对 COD 的去除率为 86.6%～94.5%，污泥消化率为 63.1%～75.5%，可减少污泥体积 95%～98.5%。

5.5 各种减量化技术的优缺点

抑制剂解偶联的污泥减量化技术由于投加的金属离子会一定程度上抑制生化反应，降低处理效率。因此，还要合理控制金属离子含量。

过剩能量解偶联这种工艺由于曝气时间短，所以处理效果相对较差，比较适用于对出水水质要求不高的污水处理。

好氧－沉淀－厌氧活性污泥工艺（OSA 工艺）不仅能减少剩余污泥量，还能改善污泥沉降性能。但目前对于好氧－沉淀－厌氧活性污泥工艺的污泥减量化研究主要集中在处理高浓度有机废水，对于低浓度有机废水的研究目前还未见相关报道。

解偶联剂的特点是不用对现有污水处理工艺作大的改进，只增设加药装置即可，但在实际应用中存在以下问题：所投的药在较长时间后，由于微生物的驯化而被降解，从而失去解偶联作用；当加入解偶联剂后，虽然污泥的产量降低了，但从物质守恒角度看，需要更多的氧去氧化未能转化成污泥的有机物，从而使得供氧量增加；对投加解偶联剂的费用还需要作比较，由于在污水中的浓度需要维持在 4～80mg/L，用量也是惊人的；解偶联剂在实际应用中的最大弱点是环境安全性问题。解偶联剂通常是较难生物降解或对生物有较大毒性的化合物，使得生物对解偶联剂的降解不完全，这将会给水处理带来新的污染。

臭氧处理回流污泥可能存在以下问题：氮和磷的去除效果不好；出水悬浮物浓度要稍高于传统活性污泥法（约 2～15mg/L）；在不排泥条件下，污泥中重金属的含量和传统活性污泥法相比，有一定增加；为了保证曝气池中生物对二次基质的利用，需要增加曝气量。

虽然从运行成本角度来讲，氯化优于臭氧化工艺，但是由于与臭氧相比，氯是一种相对弱的氧化剂，投加量大约是臭氧的 7～13 倍；此外，氯化过程中会产生三氯甲烷等具有

危害性的副产物，这些给此技术的工业化应用带来一定的挑战。

超声污泥消化技术在实现污泥减量的同时能改善污泥的沉降性能，但该技术由于停留时间较长，对设备要求高，投资较大，而且带来噪声污染。超声波的作用受到液体许多参数的影响，如温度、黏度、表面张力等。此外，超声波与各种液体的接触时间、探针的几何形状和材质也是超声波应用的限制因素。

膜生物反应器污泥处理技术可行且处理效果好，可以大大节省费用。但是，生物膜法存在的最大问题是膜的堵塞和膜材料的价格。

利用微型动物捕食的污泥减量化技术的优点是可以节省运行费用，同时又无副产物生成，但它也有自身的缺点，微生物的种类和数量较难控制。

延长污泥停留时间来减少剩余污泥产量的技术减量效果好，甚至可以达到剩余污泥零排放，同时又不需要外加能量和装置，但是据有关报道可知该技术使污泥沉降性能变差。

5.6 剩余污泥减量化存在的问题

剩余污泥的减量化可以降低污泥处理与处置的费用，提高运行效率和降低污泥处置的环境风险等，但也可能产生其他一些经济、运行和环境问题，必须加以考虑。

5.6.1 污泥的沉降性能

传统混合曝气工艺例如活性污泥工艺，要求污泥絮体具有良好的沉降性，以保证出水质量和浓厚的回流污泥，提高曝气池中的污泥浓度。污泥种群动力学和表面化学极大地影响了反应器的这些运行性能。污泥沉降性的改变与微生物中絮体形成细菌和丝状菌之间的平衡相关。胞外多聚体的和阳离子浓度也与沉降性有关。采用污泥减量化技术可能对不同种类生物的生长速率影响不同，从而改变种群动力学。种群动力学的改变反过来也可能对污泥的沉降性产生不利影响，如凝絮能力差、丝状菌繁殖导致污泥膨胀。因此，对混合微生物种群进行胁迫作用时，必须谨慎对待，以确保出水质量和工艺的运行效能不至于受到影响。

5.6.2 需氧量

降解废水中的污染物为呼吸产物的过程，在减少污泥处置量的同时增加了对氧气的需求量。其增加的能源费用必须加以考虑。

5.6.3 营养物质去除

污泥产率的下降将导致污水中氮去除量下降，因为污水中的部分氮素同化为污泥。同理，细胞物质的进一步代谢也将向水体释放氮素。因此，污泥的减量化技术可能因污泥的同化作用，而使其他一些物质从污水中去除率下降（如含氮化合物和磷）。这些物质的排放将导致受纳水体的富营养化和脱氧。

5.7 FBAF－电催化氧化污泥减量化原理

根据目前污泥减量化的现状和存在的问题，我们研发出 FBAF－电催化氧化污泥减量化工艺，将基于微型动物捕食的长生物链污泥减量化技术和隐性生长的污泥减量化技术完美结合，同时运用电化学方法，解决了污泥减量化带来的氮磷超标问题和污泥沉降性问题，同时达到污泥减量化的目的，又解决了污水处理氮磷的问题和污泥沉降问题。实践证明，这是一种比较理想的工艺。

5.7.1 FBAF 巨大比表面积形成的高生物浓度及生物膜

FBAF 采用改性填料，主要有亲水性改性填料（HH－FBMH）、膨化性改性填料（HH－FBMP）、吸附性改性填料（HH－FBMA）、酶促性改性填料（HH－FBME）。改性纤维填料是将现有材料通过改性实现的。填料比表面积为 $80000m^2/m^3$，实际装填后可达 $15000 \sim 35000m^2/m^3$。FBAF 床是根据水质和处理量、以及出水效果进行专门计算、选取不同的 FBAF 填料制成的工艺设备。具体取决于进水水质、运行水温、原水类型等。一般来讲，进水浓度越高、出水水质要求越高，填料厚度越高，设备运行流速越低，反之则填料厚度越低、运行流速越高。填料厚度可在 1～6m 范围内选择，设备高度在 2～10m，流速在 1～6m/h 范围内选择。由于 FBAF 填料巨大的比表面积，所以在调试驯化完毕，微生物基本附着在填料上（微生物膜厚度 20～50μm），微生物浓度能高达 5.6～25g/L。

5.7.2 FBAF 生物膜工艺形成的长食物链

在高生物浓度下，FBAF 反应器内微生物形成从细菌到原生生物、次生生物的生物链，形成动物性捕食链。由此，其在生化过程中，污泥的产量极少，为其他生物膜工艺的1/4～1/3。

5.7.3 电催化氧化对后续水中生物污泥的碳化和分解

电催化氧化装置设置在 FBAF 后，对 FBAF 工艺的出水进一步深度处理，将出水中的溶解性有机物和非溶解性有机物等一起催化氧化、分解，并对产生的生物污泥进一步分解、减量化。电催化氧化主要采用隐性生长污泥减量化技术和解耦联污泥减量化技术，应用产生强氧化剂、强氧化自由基等作为细胞溶出和氧化的物质，利用电化学的电流和产生的化学物质作为物理溶胞剂，实现对污泥的减量化和沉降。

5.7.3.1 催化氧化污泥的原理

强氧化剂及强化自由基具有强氧化性，是目前已知的最强的几种氧化剂。同时，这些氧化剂极不稳定，常压下可自行分解，在常温大气中最长的半衰期为 16min。强氧化剂对微生物细胞有较强的氧化作用，并导致细胞溶解。臭氧化污泥减量技术正是在这一基础上发展而来的。细胞溶解后细胞内的物质（如蛋白质、核酸、多碳糖和脂肪等）释放到污泥

的上清液中，作为二次基质重新回流到生物系统中，其中可生化部分在活性污泥微生物的作用下被矿化。虽然在此过程中也有新增的生物物质生成，但从整个污水处理系统来看，生物处理系统向外排放的生物固体量可减少，甚至没有，从而强化了污泥的隐性生长，实现了污泥减量化。

活性污泥法产生的剩余活性污泥由四部分物质组成：具有活性的微生物群（Ma）；微生物自身氧化的残留物（Me）；原污水挟入的不能为微生物降解的惰性有机物质（Mi）；原污水挟入的无机物质（Mii）。剩余污泥中固体物质的有机成分，主要存在于微生物细胞内。微生物细胞的壁是细胞最外面的一层薄膜，起着固定细菌形态和保护细胞的作用。细胞壁属于生物难降解惰性物质，破解较为困难。对于目前的活性污泥法工艺，污泥回流主要是补充反应器内细菌的数量，保持反应器内的活性污泥浓度，达到稳定出水水质的目的。而实际剩余活性污泥中依然含有大量可被生物降解的部分（Ma，Me），采取一定的措施，破坏污泥的结构及细胞壁，使污泥絮体结构发生变化，胞内物质流出，进入水相，使难降解的固体性物质变为易降解的溶解性物质，然后再回流至反应器中，就可以通过生化反应，降解由破解细菌产生的 BOD，从而达到减少剩余污泥产量的目的。

有关研究表明，与好氧－沉淀－厌氧工艺（OSA）类似，臭氧氧化处理法就是在传统活性污泥法工艺中增加一套氧化处理装置，把部分或全部回流污泥引入氧化反应处理器中，利用氧化剂的强氧化性，溶解、氧化污泥中有机成分，再返回至曝气池进行循环作用，达到废水、污泥双重处理的功效。这种将常规的活性污泥法与强氧化剂处理联合使用的新技术即 Oxidzation-Activated Sludge 和 ASP-Oxidization 系统，也被称为“生物先导法”。图 5-5 和图 5-6 分别表示传统活性污泥法和生物先导法的流程图。

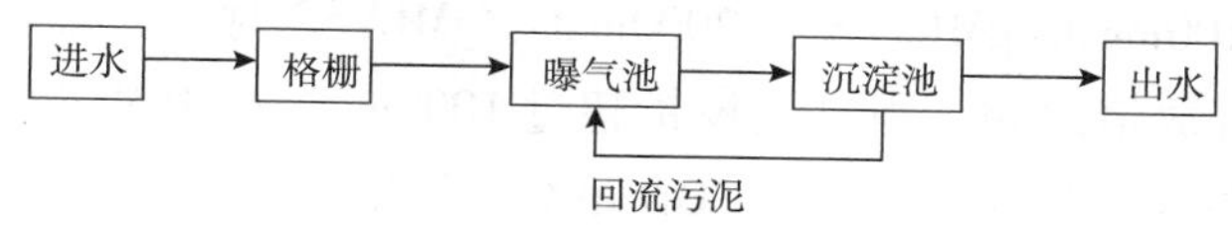

图 5-5　传统活性污泥法

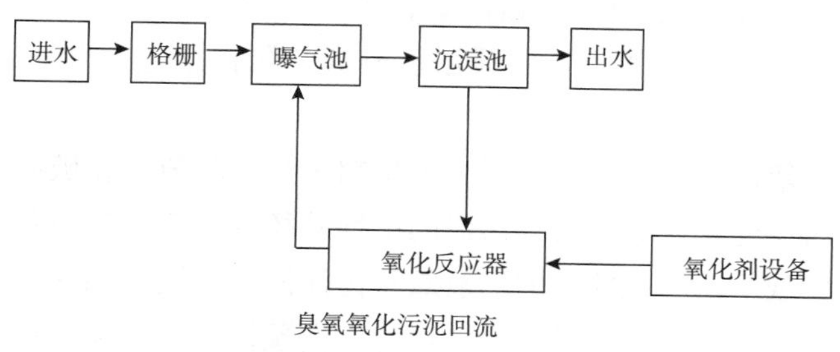

图 5-6　强氧化污泥减量技术系统

用强氧化剂对污泥进行处理，细胞被杀死，细胞壁被破坏，细胞质溶出，便于生物分解，提高了污泥（细菌）的可生物分解性。实验表明，氧化剂与细胞进行反应时并非使细菌无机化，主要是使菌体外的多糖类及细胞壁成分等难于或不可生物降解的有机物转化为易生物降解的分子。且氧化时，曝气作用增加了水中的溶解氧浓度，增加的可生物降解有机物同溶解氧在氧化剂处理后的水中相遇，从而增加生物活性，去除更多的有机物和进行氨的硝化。强氧化的效果和氧化剂的量以及氧化剂和污泥接触反应的时间（污泥循环速度）有关。

5.7.3.2　强氧化污泥减量技术国内外研究状况

目前，强氧化污泥减量化主要集中在臭氧上。国内外对臭氧污泥减量技术的研究主要集中在两方面：①臭氧破解污泥的效率及对污泥性质的影响；②臭氧化污泥减量工艺研究。这里为表述方便，我们也以臭氧为例，并以此参考进行讲述。

1）臭氧对污泥的破解

通过对厌氧消化生物污泥进行过量投加臭氧实验，臭氧投量为 0.5gO_3/gDS（DS 为干污泥）时，污泥中 60% 的固体有机物溶解。其中，污泥中的蛋白质含量减少 90%，多聚糖减少 60%，脂类减少 30%。当臭氧投量为 0.38gO_3/gDS 时，处置前干污泥中蛋白质含量为 16%，处置后蛋白质含量为 6%。臭氧投量较低时，污泥中含有大量羧酸，约有 90% 的羧酸不挥发；臭氧投量较高时，污泥中有碳酸生成，pH 值降低，而挥发性有机酸并不升高。

通过考察臭氧投量从 0～0.2gO_3/gCOD 对污泥上清液中的 COD、SCOD 的影响。当臭氧投量为 0.2gO_3/gCOD 时，污泥上清液中 SCOD 从初始的 0.06±0.05gCOD/L 上升到 2.3±0.1gCOD/L。污泥溶液的 pH 值由初始的 7.8 降到 4.9，TOC 下降了 28.19%。在显微镜下观察，污泥絮体小且细碎，SVI 值由最初的 100～120mL/g 下降到 25～30mL/g，污泥上清液浊度增大，脱水性能急剧下降，CST 值即使在臭氧投量仅为 0.05gO_3/gCOD 时，也增加很快。

当臭氧投量从 100mgO_3/gMLVSS 到 2000mgO_3/gMLVSS 时，臭氧对污泥的氧化情况及微生物细胞内物质释放情况为，当臭氧投量超过 1000mgO_3/gMLVSS 时，细胞溶解率不会显著升高，既使提高臭氧投量，溶解性 COD 虽会持续增加，但溶解性 TOC 却不随之增加。当臭氧投量为 1200mgO_3/gMLVSS 时，污泥中有 12.7% 的 COD 因臭氧直接将有机物氧化为 CO_2 而降解，污泥中 63.2% 的 MLVSS 被溶解，细胞内物质泄漏并溶解，从而使污泥上清液中的溶解性 TOC、碳水化合物和蛋白质浓度升高，蛋白质进一步水解又使上清液中的 TKN 升高。

关于臭氧对污泥絮体尺寸的影响，当臭氧量超过某一限值时，破碎的污泥颗粒会发生二次凝聚，因此，污泥经臭氧氧化后，污泥的平均粒径会随着臭氧投量的增加而增大。在膜生物反应器中也发现了这一现象，即臭氧氧化污泥回流系统中的污泥絮体尺寸要比无臭氧氧化污泥回流系统中的污泥絮体尺寸大，这与人们预期的推测刚好相反。臭氧可能使污泥颗粒表面电性发生改变，产生污泥颗粒的再凝聚，从而使污泥絮体尺寸增大。臭氧对污泥絮体大小的影响目前还没有定论，需要进一步的研究。

2）臭氧化污泥减量工艺

实验证明，当曝气池中日臭氧投量为 10mg/gMLSS 时，剩余污泥的产量减少 50%。日臭氧投量增加到 20mg/gMLSS 以上时，没有剩余污泥产生。

如果采用臭氧氧化污泥回流技术，对制药废水进行了为期 10 个月的连续实验，基本无剩余污泥排放，在曝气池中几乎无惰性物质积累，但出水中的总有机碳比无臭氧接触反应器的活性污泥系统稍高。相关文献指出，臭氧氧化的效果与臭氧的浓度及臭氧与污泥的接触时间有很大关系，臭氧化污泥量应占总回流污泥量的 1/3 左右，比例过大，则会使污泥的活性降低，污泥中无机物质过多，生物系统的运行效果变差；比例过小，会产生剩余污泥，不能使污泥的增加量为零。

通过实验比较不同的臭氧投加方式对臭氧化朽泥回流系统的影响。结果表明，间歇式臭氧氧化要优于连续式臭氧氧化，在间歇式投加臭氧运行方式下，臭氧与污泥接触每天平均 3h 左右，污泥减量就可以达到 40% ~60%。

在传统的污泥减量系统中，污泥中的碳虽可以被臭氧氧化为 CO_2，但是氮和磷却因臭氧氧化作用而溶解在污泥上清液中，并在系统中积累，导致出水中氮磷升高。针对系统中氮积累问题，通过在实验室中模拟 AO 工艺进行连续流实验和间歇式实验，实验表明：当臭氧投量为 1200mgO_3/gMLVSS 时，溶解性 COD 与总氮的比值为 10. 78。在好氧条件下，臭氧氧化污泥的上清液易发生硝化反应，而系统中氨氮无明显的积累；在缺氧条件下，污泥溶解液可以提供电子供体，使得反硝化反应得以进行，硝酸盐被转化为氮气。通过对此系统中的氮平衡进行了分析，指出臭氧化后的污泥溶解液一方面作为反硝化的碳源，另一方面细胞内含氮物质释放到污泥上清液中，增加了系统中氮的含量，这部分氮可能造成系统的碳氮比较低，阻碍反硝化过程的进行。在 4 个月的连续运行实验中，臭氧化污泥回流对 COD 和 BOD 的去除无显著影响。一些人针对系统中磷积累问题进行了积极探索，并试图开发出一个集污泥减量与磷回收于一体的新型污水污泥处理系统。在该项研究中，污水污泥处理系统包括 3 个子系统：传统的 A/O 除磷工艺、污泥臭氧化接触反应器和磷回收工艺。通过比较含富磷菌的污泥被臭氧氧化前后性质的变化，人们指出磷和有机物一样溶解，溶解性磷与溶解性 COD 正向相关。臭氧投量为 13mgO_3/gSS 时，溶解液中的 PO_4^{3-} – P 达到最大，再继续增加臭氧投量 PO_4^{3-} – P 也不会继续升高。在污泥溶解液中磷主要以 AHP（Acid – Hydrolysable Phosphorus）形式存在。而通过数学模拟，对该系统达到稳定运行时的各物质进行了物质平衡分析，指出该工艺是可行的，可以在减少污泥产量的同时，回收利用磷。

随着污水处理新工艺的产生，臭氧化污泥减量技术也在不断进步。将臭氧氧化技术与膜生物反应器组合，研究臭氧化污泥膜生物反应器中营养物质的去除情况。通过两套膜生物反应器的对比实验，结果发现，在无臭氧氧化污泥回流的反应器中，污泥产率大约为 1. 04g/d，而有臭氧化污泥回流的反应器中污泥的产率几乎为零，污泥中挥发性部分占 75%。在营养物质去除方面，有臭氧氧化污泥回流的反应器效果要好于无臭氧氧化污泥回流的反应器，二者对总氮的去除率分别为 70. 4% 和 68. 7%，总磷的去除率分别为 54. 4% 和 46. 2%。这一点间接验证了 Ann 等人关于臭氧化污泥作为反硝化碳源的想法。在整个操作过程中，尽管污泥经受了臭氧氧化，但在膜通量为 0. 36m^3/d 时，膜压力始终低于 10kPa。在 MBR 系统中，应用臭氧氧化回流污泥可显著减少剩余污泥的量，并可保证良好的出水水质。

3）臭氧化污泥减置技术国内研究现状

在国内，关于臭氧化污泥减量技术的研究刚刚起步，仅有哈尔滨工业大学、上海交通大学、西安建筑科技大学等少数高校在这方面开展了实验室研究。他们有人先研究了臭氧对污泥浓度、污泥活性、污泥中的有机物及活性污泥微生物数量的影响。指出当臭氧投加量达到 100mgO_3/gSS 以后，MLSS 和 MLVSS 才显著快速下降，而臭氧投加量低于 100mgO_3/gSS 时，污泥的活性就有很大程度的降低。同时，选用污泥产量少的序批式污泥床反应器（SBR），与污泥臭氧化反应器组成完整的污泥减量系统，并探讨了臭氧对 SBR 系统中污泥性能、污泥产量的影响。结果显示，臭氧化促进了反应器中生物量的减少，并有一定量的生物污泥被无机化。在臭氧投加量接近于 200mgO_3/gSS，且污泥回流量为 0.3L/（L·d）时，污泥观测产率可接近零。另外，当臭氧投加量为 0.05gO_3/gSS，且污泥回流量为 0.4L/（L·d）时，也可得到相同结果。实验期间，SBR 系统对 COD 去除率在 95% 以上，保持了良好的去除效果。

一些人将臭氧作用后的污泥上清液回流到接触氧化池中与污水合并处理，结果表明，在臭氧投量 0.05kgO_3/kgMLSS，臭氧化污泥量为进水量的 5mg/L 时，生物接触氧化系统对 SCOD 和 NH_4^+－N 的平均去除率分别为 87.06% 和 84.80%，出水水质同对比实验系统相当，剩余污泥产率为 0.054（gMLSS/去除 1gSCOD），与实验相比降低了 78.4%。可以知道，有臭氧化污泥回流系统的污泥好氧速率为 38.2mgO_3/gVSS·h，对照系统的 OUR 为 45.9mgO_3/gVSS·h。由此可见，虽然氧化系统 OUR 略小于对照系统，但氧化系统中的污泥仍有很高的活性，臭氧氧化对系统的生物处理能力产生的影响不大。

通过采用 AO 工艺研究了污泥臭氧化减量情况。结果表明，随着臭氧化污泥比例的增加，污泥表观产率系数随之降低，在臭氧投量为 0.05gO_3/gSS，每天氧化的污泥分别为反应器内污泥的 10%、20%、30% 时，污泥表观产率系数分别减少 24%、46%、73%。随着污泥氧化比例的增大，氧化系统出水 COD 有所增加，但氧化系统仍能保持其生物处理能力，COD 去除率在 88% 以上。通过对污泥耗氧速率（OUR）的监测略小于对照系统，但氧化系统中的污泥仍有很高的活性，臭氧氧化对系统的生物处理能力产生的影响不大。

5.7.3.3　臭氧化污泥减量化的影响因素

活性污泥主要由生物反应池中的各种细菌、原生动物、藻类组成，它们除自身是有机物外，还是污水中可溶解有机物的载体。有机物的基本组成元素是 C、H、O，由于臭氧的强氧化性，将臭氧加入活性污泥中，可以对大分子有机物开环、断链，使之成为较小分子有机物，使难以降解的有机物变得易于降解，臭氧可以直接把一些有机物氧化成为 CO_2 和 H_2O。

臭氧氧化污泥有机质的最终化学反应式如下：

$$C + 2O \longrightarrow CO_2 \uparrow$$

$$2H + O \longrightarrow H_2O$$

图 5-7 是污泥分解示意图：

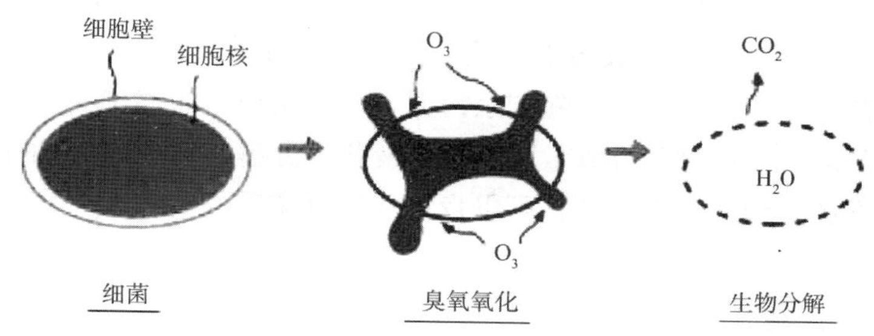

图 5-7 臭氧分解污泥细菌原理示意

臭氧具有很强的氧化性，氧原子可以突破细胞壁胶质，进入细胞，与细胞核接触，将细菌细胞氧化分解，最终变成 CO_2 和 H_2O。理论上只要时间足够长、臭氧分子足够多，就可以完全分解污泥的细菌和藻类。臭氧是一种不稳定的气体，很容易转变成氧，16℃时臭氧的半衰期只有 20min，所以需要持续不断地供应臭氧，以保证反应物是充足的。

影响臭氧和活性污泥反应效果的五个要素为：

（1）臭氧浓度。为了保证有足够量的臭氧分子与细菌反应，在污泥反应池中需要保证一定浓度的臭氧，有研究表明臭氧浓度保持在 30 ~ 50mg/L 是必要的。

（2）停留时间。污泥在反应池中需要停留一段时间，以便与臭氧分子充分接触，由于臭氧的氧化性非常强，发生反应的速度非常快，实验表明臭氧浓度和污泥量匹配较好的情况下，污泥可以在 20 ~ 40min 内分解 90% 以上。

（3）污泥浓度。污泥浓度越高，反应所需要的臭氧浓度也越高，反应时间也会延长。

（4）臭氧投量。在相同的臭氧投量下，低进气浓度和高进气流量能增强臭氧的溶胞效果，溶胞过程的能量消耗也小。

（5）臭氧分布的均匀程度。在反应池中，臭氧分子必须均匀分布，与污泥分子充分接触，这样才能保证没有污泥被遗漏，也可以缩短反应时间。

5.7.4 传统生活污水二沉池污泥处理实践

保持现有污水处理工艺不变，对二沉池的污泥的回流管路和排放流向进行调整，增加一个污泥与臭氧相互作用的反应池。将回流污泥通过一个臭氧反应池，污泥在臭氧的强氧化下有机物细胞溶解，并进一步氧化分解，控制一定的出泥浓度，以满足生物反应池的回流需要。

臭氧反应池中的污泥反应后分成两部分：绝大部分是水，另一部分是没有与臭氧反应的污泥和极小部分臭氧反应的中间产物（中间产物是不稳定的，最终和残余臭氧反应变成 H_2O 和 CO_2）。固体物在臭氧反应池中迅速沉淀分离，沉下物和一沉池（如果有）的污泥作为剩余污泥送去脱水处理，由于大部分有机物已经分解，排除污泥的量约为原污泥量的 30% ~40%，可以满足生物反应池的回流需要。

通过调节臭氧的流量或浓度，可以控制排除污泥的浓度，根据优化剂量，即 OD 为

0.05gO_3/gMLSS，排除与进入的污泥浓度比约为1∶3.6，即排除污泥的浓度约为进入污泥浓度的28%，该比例正好满足一般污水处理工艺中回流污泥的比例，因此，通过调节臭氧投放量及污水工艺参数，可以完全消除剩余污泥，从而实现污泥零排放。

污泥被臭氧分解后，成分和含氧量均发生了变化，分解后污泥参与回流对生物反应池内环境的影响程度还有待进一步考证，可以肯定的是反应后的污泥有一定的氧含量，对于提高好氧池内氧的浓度是有贡献的。

图5-8是污泥在臭氧池中进行反应的流程示意图：

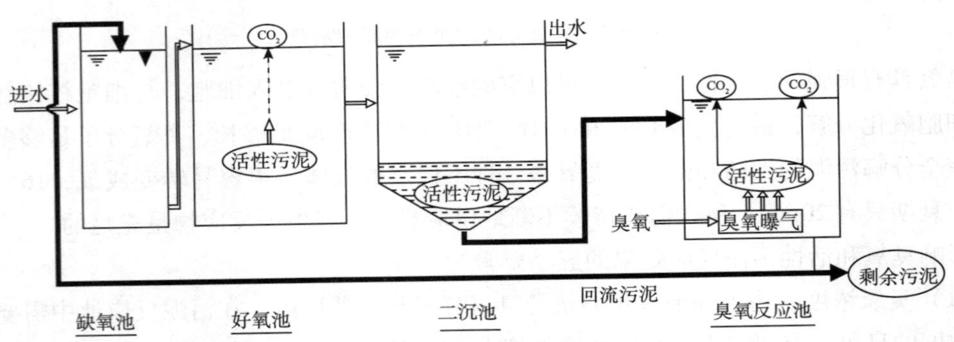

图5-8　污泥与臭氧反应的流程示意图

这里所说的污泥主要是针对二沉池中的活性污泥，活性污泥是经过厌氧/缺氧、好氧的生物反应过程形成的，约占污泥总量的60%～70%。初沉池的污泥大部分是可沉降的固体物质，没有沉降的沙土也会出现在初沉池，有机物含量较多，是很容易脱出水分和处理的，使用臭氧的减量化效果有限。

国内外一些单位和研究机构已经进行了大量的研究和实践，并在实际工程项目中使用，结果表明，将臭氧加入活性污泥中可以有效分解污泥，从而减少直至完全分解活性污泥。

5.8　FBAF-电催化氧化污泥减量化验证及结论

FBAF-电催化氧化污泥减量化技术是一项不同行业技术的整合创新，所使用的FBAF、电催化氧化技术，这也是近些年的新技术，该技术为污泥低成本处理开辟出一条崭新的道路，这在国内乃至国际上都处于领先。利用该技术可以将污泥中的细菌氧化分解，转换成无害的水和二氧化碳，实现灭菌的目的；可以将95%以上的活性污泥菌体分解，实现污泥减量化70%以上。通过有效的方式可以将污水中的磷提纯并回收利用，具有资源回收利用的价值。

如果只使用臭氧分解污泥，排放水的SS会略微提高1～2mg/L，重金属含量也会提高。但是采用FBAF-电催化氧化工艺，由于采用多种污泥减量化技术，并结合电化学方法，出水中SS基本在5mg/L，完全达到回用标准，采用催化氧化后其出水悬浮物没有超

标。实验验证结果现后续相关章节检测报告。

5.9 FBAF－电催化氧化污泥减量化意义

FBAF－电催化氧化污泥减量化技术很容易和现有的污水处理系统进行结合使用，以达到减少剩余污泥的目的；不光出水水质不会受到太大的影响；且经催化氧化后的污泥回流至反应器中能提高系统的反硝化能力；臭氧化还改善了污泥的沉降性能，大大降低污泥的含水率，从而减轻了后续处理的负担。具有很广阔的应用前景。今后的研究将着重于臭氧联合工艺的运行参数优化及其在不同领域的运用。其主要意义如下：

（1）减少污泥产量，简化污泥处理处置费用；

（2）避免了污水中 P 超标，将含磷物质直接沉降后吸附；

（3）在将污泥减量化的同时，避免了污泥的不可沉降性；

（4）在一定程度上将污泥沉底氧化、碳化，能做到无污泥产生甚至污泥零排放，减少的污泥的处理处置，为一些污泥无法处理处置场合，尤其是海上平台、船舶、舰艇、核潜艇、航空母舰等场合，提供了彻底的解决方案，具有重大意义和军事意义。

6 海上 FBAF－电催化氧化污水处理装置操作及检修维护

以下项目均以 60 人平台为例进行描述说明。

6.1 海上低盐废水 FBAF－电催化氧化污水处理装置技术条件

这里以 60 人平台为例进行说明。

6.1.1 适用范围

本技术条件适用于中海油 JZ93－A 调整改，HH－FBAF－60 生活污水处理装置（CEPX－X－4601）的设计、制造、试验、验收和交货。

6.1.2 编制依据及引用文件

6.1.2.1 编制依据

技术协议书。

6.1.2.2 引用文件

ANSI B16.5 管法兰及管件；

GB/T13306—1991 标牌；

GB/T 3181—1995《漆膜颜色标准》；

GB/T 9174—1988《一般货物运输包装通用技术条件》；

IMO《73/78 国际防止船舶造成污染公约》及有关文件；

IMO MEPC.159（55）《经修订的实施生活污水处理装置排出物标准和性能试验导则》；

《钢质海船入级建造规范》（2006 版）；

CCS 污水处理装置技术规范要求（2006 版）。

6.1.3 结构形式及主要组成

6.1.3.1 概述

本项目设备组成为 1 套，所有设备安装在一个撬块上，主要设备组成见表 6-1：

表6-1　HH-FBAF-60生活污水处理装置主要设备组成

序　号	名　称	型　号	单　位	数　量	厂　家	备　注
1	粉碎排放泵	0.5CWF-10	台	1	泰州霞鑫	
2	风机	HC-50S	台	2	江苏张亿	
3	催化提升泵	40GW5-30-2.2	台	2	上海高田	
4	氧化剂投加泵	CDLF4-5	台	1	杭州南方	
5	电气控制箱	PXK	台	1	乐清二工	
6	液位浮球	HT-M15-2	只	2	乐清市环通	
7	大流量滤芯	HH-HF40PP070	个	1	大连浩海	
8	电极板		块	26	大连浩海	
9	催化剂	HH-CATC1100	kg	600	大连浩海	
10	压力开关	PS110-315E8004	只	1	欧泊仪表	
11	电磁流量计	KRF-E101-（65）11000C20	只	1	上海五寰仪器	
12	氧化剂设备	HHO-0-80	台	1	大连浩海	
13	电伴热	—	—	—	瑞侃	

6.1.3.2　接口

1）功能接口

装置采用交流380V，50Hz三相三线制电源。

生活污水处理装置提供：DI：装置运行状态；装置停止状态；装置综合报警；装置故障关断报警；DO：装置应急关断（要求切断供电线路对整个污水处理系统的供电）。

2）物理接口

HH-FBAF-60生活污水处理装置：

黑水入口	DN150	法兰（ANSI B16.5）；
灰水入口	DN150	法兰（ANSI B16.5）；
冲洗水入口	DN50	法兰（ANSI B16.5）；
通气口	DN50	法兰（ANSI B16.5）；
应急溢流口	DN80	法兰（ANSI B16.5）；
标准排放口	DN50	快速接头（GB/T 3657—94）；
排放口	DN80	法兰（ANSI B16.5）；
撬座排放口	DN25	法兰（ANSI B16.5）。

注：以上接口均提供配对法兰，包括螺栓螺母组合件。

6.1.4　技术要求

6.1.4.1　功能特性

型号名称：HH-FBAF-60污水处理装置。

适用人数：60人［生活污水、厨房灰水280L/（人·天），厕所等黑水70L/（人·天）］。

处理量：额定：21000L/d，最大 22050 L/d。

排放水质符合以下排放标准：

BOD5：≤25mg/L；

SS：≤35mg/L；

大肠杆菌群数：≤100 个/100mL；

COD：≤125mg/L；

pH：6～8.5；

余氯：≤0.5mg/L；

排放水压力：0.10MPa；

总功率：18.4kW（不含脱水设备）。

6.1.4.2　物理特性

重量：干重～3966kg；

外形尺寸（$L\times B\times H$）：2100mm×1300mm×2850mm ＋1300mm×1000mm×2850mm；

操作和维修空间：操作面≥0.6m。

6.1.4.3　环境条件

设备在下列条件下能正常工作：

环境温度：－21.6～30.3℃；采用伴热保温后环境温度：5～55℃。

倾斜和摇摆：

横摇：±22.5°（周期 7～25s）；

长期横倾：±15°；

长期纵倾：±5°。

平台正常营运中产生的振动。

潮湿空气、盐雾、油雾和霉菌。

6.1.4.4　材料结构和工艺要求

生活污水处理装置柜体钢板材质为 304，管道材质为 304，阀门为 304，螺栓材质为 304，螺母材质为 304。

零件应尽可能采用标准件，非标准件按零件图施工。

管架、支架及装置本体等零部件应按有关喷丸除锈、涂料防腐的要求处理。

除不锈钢和铜材质的材料外，装置应除锈到 Sa2.5 级后方可作防腐处理，与污水接触的内壁涂料为环氧煤沥青漆。

装置电控箱的电器元件及电动机为防爆产品，外壳防护等级为 IP65。防爆等级为 Exd ia mb px ⅡCT4。

6.1.4.5　安全性

本装置在系统中设有自动保护装置，具有安全接地措施，电机具有断相、短路、过载保护。

6.1.5 试验项目及检验规则

6.1.5.1 试验项目

出厂试验：

外观质量检查；

主要尺寸检查；

密封试验；

水压试验；

各泵组、风机运转试验；

清水动作试验。

各检验项目均应出具检验报告书，附上各种试验原始记录，由承制厂质检部门出具检验合格证书。

6.1.5.2 试验方法

按经认可的试验大纲进行。

6.1.6 色彩、铭牌和产品标志

舱内设备色彩一般为 GB/T 3181—1995《漆膜颜色标准》中规定的 BG 01 中绿灰色。

铭牌按 GB/T 13306—1991《标牌》规定设计制造，铜质、铆接、黑底、白字、阳文、中文。

6.1.7 交货准备

各装置经出厂试验合格后才具备装箱条件。装箱符合《704 所产品交付工作管理办法》。

装置经试验合格后，由质检部门出具合格证书。

承制方在交货前一周通知有关各方进行出厂试验，以切实满足要求。

6.1.8 包装、运输和贮存

包装、运输和贮存符合 GB/T 9174—1988《一般货物运输包装通用技术条件》的相关要求。

6.1.9 保证期

装置的质量保修期为设备交付使用日起 12 个月。

6.2 海上高盐废水 FBAF－电催化氧化污水处理装置技术条件

6.2.1 适用范围

本技术条件适用于中海油高盐生活污水处理装置（CEPX－X－4601）的设计、制造、试验、验收和交货。

6.2.2 编制依据及引用文件

6.2.2.1 编制依据

技术协议书。

6.2.2.2 引用文件：

ANSI B16.5　　管法兰及管件；

GB/T 13306—1991　　标牌；

GB/T 3181—1995　　《漆膜颜色标准》；

GB/T 9174—1988　　《一般货物运输包装通用技术条件》；

GB 4914—2008　　《海洋石油勘探开发污染物排放浓度限值》；

《钢质海船入级建造规范》（2006 版）；

CCS 污水处理装置技术规范要求（2006 版）。

6.2.3 结构形式及主要组成

6.2.3.1 概述

本项目设备组成为 1 套，所有设备安装在一个撬块上，主要设备组成见表 6-2：

表 6-2 HH－HSFBAF－60 生活污水处理装置主要设备组成

序 号	名 称	型 号	单 位	数 量	厂 家	备 注
1	粉碎排放泵	0.5CWF－10，耐海水腐蚀	台	1	泰州霞鑫	
2	风机	HC－50S	台	2	江苏张亿	
3	氧化剂投加泵	耐海水腐蚀	台	1	—	
4	大流量滤芯	HH－HF40PP070	个	1	大连浩海	
5	电气控制箱	PXK	台	1	乐清二工	
6	液位浮球	HT－M15－2	只	2	乐清环通	
7	电催化电极	—	块	20	大连浩海	
8	催化剂	HH－CATC1100	kg	600	大连浩海	
9	压力开关	PS110－315E8004	只	1	欧泊仪表	
10	电磁流量计	KRF－E101－（65）11000C20	只	1	上海五寰	
11	氧化剂设备	HHO－0－80	台	1	大连浩海	
12	电伴热	—	—	—	瑞侃	

6.2.3.2 接口

1）功能接口

装置采用交流380V，50Hz三相三线制电源。

生活污水处理装置提供：DI：装置运行状态；装置停止状态；装置综合报警；装置故障关断报警；DO：装置应急关断（要求切断供电线路对整个污水处理系统的供电）。

2）物理接口

HH－HSFBAF －60生活污水处理装置：

黑水入口	DN150	法兰（ANSI B16.5）；
灰水入口	DN150	法兰（ANSI B16.5）；
冲洗水入口	DN50	法兰（ANSI B16.5）；
通气口	DN50	法兰（ANSI B16.5）；
应急溢流口	DN80	法兰（ANSI B16.5）；
标准排放口	DN50	快速接头（GB/T 3657－94）；
排放口	DN80	法兰（ANSI B16.5）；
撬座排放口	DN25	法兰（ANSI B16.5）。

注：以上接口均提供配对法兰，包括螺栓螺母组合件。

6.2.4 技术要求

6.2.4.1 功能特性

型号名称：HH－HSFBAF－60 污水处理装置。

适用人数：60人［生活污水、厨房灰水280L/（人·天），厕所等黑水70L/（人·天）］。

处理量：额定：21000L/d，最大22050 L/d。

排放水质符合以下排放标准：

BOD_5：≤25mg/L；

SS：≤35mg/L；

大肠杆菌群数：≤100个/100mL；

COD：≤300mg/L；

pH：6～8.5；

余氯：≤0.5mg/L；

排放水压力：0.10MPa；

总功率：18.4kW。

6.2.4.2 物理特性

重量：干重～3766kg；

外形尺寸（$L \times B \times H$）：3000mm×2000mm×2000mm ＋1300mm×1300mm×2500mm；

操作和维修空间：操作面≥0.6m。

6.2.4.3　环境条件

设备在下列条件下能正常工作：

环境温度：-21.6～30.3℃；采用伴热保温后环境温度为：5～55℃。

倾斜和摇摆：

横摇：±22.5°（周期7～25s）；

长期横倾：±15°；

长期纵倾：±5°。

平台正常营运中产生的振动。

潮湿空气、盐雾、油雾和霉菌。

6.2.4.4　材料结构和工艺要求

生活污水处理装置柜体钢板材质为双相不锈钢/FRP；管道材质为双相不锈钢或CPVC，阀门为316/CPVC，螺栓材质为316，螺母材质为316。

零件应尽可能采用标准件，非标准件按零件图施工。

管架、支架及装置本体等零部件应按有关喷丸除锈、涂料防腐的要求处理。

除不锈钢和铜材质、塑料的材料外，装置应除锈到Sa2.5级后方可作防腐处理，与污水接触的内壁涂料为环氧煤沥青漆。

装置电控箱的电器元件及电动机为防爆产品，外壳防护等级为IP65。防爆等级为Exd ia mb px ⅡCT4。

6.2.4.5　安全性

本装置在系统中设有自动保护装置，具有安全接地措施，电机具有断相、短路、过载保护。

6.2.5　试验项目及检验规则

6.2.5.1　试验项目

出厂试验：

外观质量检查；

主要尺寸检查；

密封试验；

水压试验；

各泵组、风机运转试验；

清水动作试验；

各检验项目均应出具检验报告书，附上各种试验原始记录，由承制厂质检部门出具检验合格证书。

6.2.5.2　试验方法

按经认可的试验大纲进行。

6.2.6　色彩、铭牌和产品标志

舱内设备色彩一般为GB/T 3181—1995《漆膜颜色标准》中规定的BG 01中绿灰色。

铭牌按GB/T 13306—1991《标牌》规定设计制造，铜质、铆接、黑底、白字、阳文、中文。

6.2.7　交货准备

各装置经出厂试验合格后才具备装箱条件。装箱符合《704所产品交付工作管理办法》。

装置经试验合格后，由质检部门出具合格证书。

承制方在交货前一周通知有关各方进行出厂试验，以切实满足要求。

6.2.8　包装、运输和贮存

包装、运输和贮存符合GB/T 9174—1988《一般货物运输包装通用技术条件》的相关要求。

6.2.9　保证期

装置的质量保修期为设备交付使用日起12个月。

6.3　海上低盐废水FBAF－电催化氧化污水处理装置运行说明书

6.3.1　前言

6.3.1.1　主要用途及适用范围

本使用说明书适用于HH－FBAF－60污水处理装置（以下简称处理装置），介绍了处理装置的原理、使用、操作和维修。

本处理装置用于处理60人船上由粪便、便纸和冲洗水组成的黑水以及厨房灰水，使处理后的排放水质达到IMO MEPC159（55）规定的排放标准。

本技术条件适用于中海油JZ93－E平台调整改，HH－FBAF－60生活污水处理装置（CEPX－X－4601）的设计、制造、试验、验收和交货。

6.3.1.2　编制依据及引用文件

ANSI B16.5《管法兰及管件标准》美标；

GB/T 13306—1991《产品标牌标准》；

GB/T 3181—1995《漆膜颜色标准》；

GB/T 9174—1988《一般货物运输包装通用技术条件》；

IMO《73/78国际防止船舶造成污染公约》及有关文件；

IMO MEPC.159（55）《经修订的实施生活污水处理装置排出物标准和性能实验导则》；

《钢制海船入级建造规范》（2006 版）；

CCS（2006）污水处理装置技术规范要求。

6.3.1.3　工作条件

1）环境条件

横摇：±22.5°（周期 7～25s）；

长期横倾：±15°；

长期纵倾：±5°（周期 7～25s）；

环境温度：-21.6～30.3℃；

采用电伴热后环境温度：5～55℃；

船舶正常运营中产生的振动和冲击；

潮湿空气、盐雾、油雾和霉菌。

2）材料结构和工艺要求

生活污水处理装置柜体钢板材质为 304；管道材质为 304，阀门为 304，螺栓材质为 304，螺母材质为 304。

零件应尽可能采用标准件，非标准件按零件图施工。

管架、支架及装置本体等零部件应按有关喷丸除锈、涂料防腐的要求处理。

除不锈钢和铜材质的材料外，装置应除锈到 Sa2.5 级后方可作防腐处理，与污水接触的内壁涂料为环氧煤沥青漆。

装置电控箱的电器元件及电动机为防爆产品，外壳防护等级为 IP65。防爆等级为 Exd ia mb px ⅡCT4。

装置采用保温、伴热，伴热为美国瑞侃公司产品，伴热温度为 5℃。保温材料为玻璃纤维棉，厚度 50mm。

电控箱采用减震安装。

3）安全性

本装置在系统中设有自动保护装置，具有安全接地措施，电机具有断相、短路、过载保护。

6.3.1.4　技术条件

功能特性：

型号名称：HH-FBAF-60 生活污水处理装置；

适用人数：60 人［生活污水、厨房灰水 280L/（人·天），厕所等黑水 70L/（人·天）］；

处理量：额定 21000L/d，最大 22050L/d；

排放水质见表 6-3：

表 6-3　排放水质

污染物	BOD_5	SS	大肠杆菌数	COD	pH	余氯
排放限值	≤25mg/L	≤35mg/L	≤100 个/100mL	≤125mg/L	6～8.5	≤0.5mg/L

排放水压力：0.10MPa；

总功率：18.4kW（不含脱水设备）。

6.3.1.5 安全要求

在打开任何贮有污水的容器时，必须确保处所的通风良好。因为容器内可能含有令人恶心或中毒的气体，在没有彻底通风和没有他人在场的情况下，禁止打开容器。生活污水是传播寄生虫疾病的常见媒介，其中有些会引起严重疾病。设备维修与管理人员必须保持良好的个人卫生，在与粪便或受污染的设备接触后，必须用清洁剂或肥皂清洗干净。如果人的皮肤擦伤、刺破和其他创伤，必须及时进行医疗处理。工作场所必须保持清洁整齐和卫生、干燥，如果有生活污水溢出，必须马上清洁。

FBAF 污水处理系统采用强氧化剂，对水中的有机物、微生物和细菌进行氧化降解，以达到净水的目的。强氧化剂无论如何不能用于处理气态物质、非水的液体或固体材料切勿将其与其他物质混合，诸如油脂、油、润滑油、溶剂、酸、碱、肥皂、油漆、家用产品、垃圾、饮料、松油、脏的抹布等。若同此类化学品或产品相混合，可能导致起火。其火势会很大。因此，在使用强氧化剂过程中请注意以下事项：

（1）如发生火灾，将水注入并用水冷却周围地区。

（2）切勿将氧化剂及其溶液与眼睛、皮肤、黏性的薄膜或衣物相接触，否则会导严重的化学损伤。

（3）用大量的水来冲洗处理泼出的氧化剂。若需冲洗处埋残留在容器内的溶液，只需静置 10min 即可，冲洗后的水可回收到污水处理系统中。

6.3.2 设备装置

6.3.2.1 组成和技术特征

本处理装置为撬块式结构，由缓冲罐、FBAF1、FBAF2、电解沉淀槽、大流量过滤组件、催化氧化罐、BAC 罐、供气组件、氧化设备组件、排放组件、电控组件等组成，所有组件按照现场情况分别安装在几个公共机座上。

6.3.2.2 外形尺寸

缓冲水箱：2000mm × 1000mm × 2000mm；

FBAF1 反应器：2200mm × 1400mm × 2780mm；

FBAF2 反应器：1400mm × 1100mm × 2780mm；

电解反应器：1400mm × 1240mm × 2100mm；

氧化剂设备：660mm × 450mm × 1500mm；

催化氧化设备：Φ1300mm × 2380mm；

BAC 滤器：Φ900mm × 1800mm。

6.3.2.3 结构形式及组成

1）主要设备组成（表6-4）

表6-4 HH-FBAF-60生活污水装置主要设备组成

序号	名称	型号	单位	数量	厂家
1	粉碎泵	0.5CWF-10	台	2	泰州霞鑫
2	风机	HC-40S	台	2	江苏张亿
3	催化提升泵	40GW5-30-2.2	台	2	上海高田
4	氧化剂投加泵	CDLF4-5	台	1	杭州南方
5	电气控制箱	PXK	台	1	乐清市二工
6	液位浮球	HT-M15-2	只	1	乐清市环通电
7	大流量滤芯	HH-MF40PP	个	1	大连浩海
8	电极板	640×840×8	块	26	大连浩海
9	催化剂	HH-CATC1100	kg	400	大连浩海
10	压力开关	PS110-315E8004	只	1	欧泊仪表
11	电磁流量计	KRF-E101-（65）11000C20	只	1	上海五寰
12	氧化剂设备	HHO-80	台	1	大连浩海

2）接口

（1）功能接口。

装置采用交流380V、50Hz三相三线制电源。

生活污水处理装置提供：

DI：装置运行状态；

装置停止状态；

装置综合报警；

装置故障关断报警。

DO：装置应急关断（要求切断供电线路对整个污水处理系统的供电）。

（2）物理接口（表6-5）。

表6-5 HH-FBAF-60生活污水处理装置接口

接口	规格大小	标准
黑水入口	DN150	法兰（ANSIB16.5）
灰水入口	DN150	法兰（ANSIB16.5）
冲洗水	DN50	法兰（ANSIB16.5）
通气口	DN50	法兰（ANSIB16.5）
应急溢流口	DN80	法兰（ANSIB16.5）
标准排放口	DN50	快速接头（GB/T 3657—94）
排放口	DN80	法兰（ANSIB16.5）
撬座排放口	DN25	法兰（ANSIB16.5）

注：以上接口均提供配对法兰，包括螺栓螺母组合件。

（3）工作原理。

本处理装置的处理对象是生活污水（黑水）和厨房灰水，采用序批式工艺和生物膜法、电催化氧化相结合达到降解水中有机物的目的。

本处理装置的本体由缓冲水箱、FBAF1 反应器、FBAF2 反应器、电解沉淀槽、大流量过滤器、催化氧化罐、BAC 滤器组成。

①污水处理装置工艺流程。

生活污水和厨房灰水、冲厕黑水直接进入缓冲水箱 TK101 微生物反应后，经过粉碎泵 P111A/B 送入 FBAF1 反应器 TK201、FBAF2 反应器 TK202 中进行进一步微生物降解水中的有机物，同时风机对 FBAF 反应器污水进行曝气，以提供微生物代谢氧源。微生物降解后的废水溢流进入电解沉淀槽 TK211/2 中在进行电化学反应，通过电极的氧化还原反应，将污染物碳化分解，最终产生沉淀以达到降解有机物目的，沉淀后的污泥进入电解槽底部，上清液则进入集水槽 TK301。废水通过催化提升泵 P301A/P301B 提升，经过大流量过滤器 HF401，进入催化氧化罐 TK401 进行氧化反应，在这过程中，氧化剂发生器 OD401 产生的 O_3 与水混合，经投加泵 P401 输送至催化氧化罐中与污水中的有机物进行氧化反应，杀死细菌。经处理后的废水再进入 BAC 反应罐 AF401，利用 BAC 的载体进一步的催化氧化、消毒，将污染物碳化处理，达到各项排放标准，出水经过流量计 FI411 后排出。

②污水处理主要设备。

风机 BL401/402。本装置设置两台风机（一用一备），主要作用是向装置提供生化作用所必须的空气和回流作用的气源。

粉碎泵 P111A/B。本装置共设两台粉碎泵（一用一备），主要作用是将原水中污杂物通过粉碎泵粉碎后送入下一级。粉碎污水中大颗粒悬浮物和杂物，防止后续设备堵塞。出水自流进入高效 FBAF 反应器中。

催化提升泵 P301A/B。经过电解后的废水，从集水反应槽通过两台催化提升泵（一用一备，BAC 反洗时兼做反洗泵，反洗时同时开启）提供动力，进入到下一级大流量过滤器 HF401 及催化氧化罐 TK401 中。

氧化剂投加泵 P401。本装置设置一台氧化剂投加泵，主要是将氧化剂通过投加泵、水射器等，在负压条件下，将氧化剂送入催化氧化罐与废水充分混合氧化，将废水中的有机污染物分解成小分子，直至碳化。

电解设备 TK211/2。电解柜给电解设备供电，其负荷随水质水量自动调节，主要是将生化后水中残留污染物通过电化学反应进一步去除。

氧化剂设备 OD401。氧化剂设备置于安全区，与氧化剂投加设备连锁，一旦氧化剂投加泵出口压力不低，则氧化剂设备投运。氧化剂设备的作用主要是对污水进行氧化分解、消毒处理，去除大肠杆菌。

保护报警。本装置设有过载报警和缓冲罐 TK101 高液位、氧化剂投加泵 P401 出口低压报警。

③结构和管系的工作原理。

A. 排放水管系。

排水管路系统由电解集水槽 TK301 出水管路至 BAC 滤器出水排海管路组成，其中以催化提升泵 P301A/B 作为动力源，将水输送流经大流量过滤器 HF401、催化氧化罐 TK401

和 BAC 滤器 AF401 进行进一步处理。当集水槽 TK301 液位处于高液位时，启动催化提升泵 P301A/B 进行输水，启动前开启泵进水阀门 P5 或 P7，调节开启泵出口阀门 P6 或 P8，打开大流量过滤器出水阀门 G2 和催化氧化罐 TK401 进水电动蝶阀 EMV401，废水最终进入 BAC 滤器 AF401 中沉淀过滤，最后系统会根据处理的输送水量多少，自动开启排海电动阀 EMV411 进行排水，排海管路设置流量计 FI411 进行监测流量。

B. 排泥管系。

本污水处理装置排泥管路系统由 5 段组成，分别由缓冲水箱 TK101、FBAF1 反应器 TK201、FBAF2 反应器 TK202、集水反应槽 TK301 和电解沉淀槽 TK211 五部分排泥管段组成，通过一条主排泥管路进行排放。排泥方式靠液位差自流排泥，通过各个反应装置排泥管出口蝶阀 B1 - B6，来控制排泥开启和关闭操作。

C. 曝气系统。

本套污水处理系统根据各个反应器的特性，设计了曝气系统，曝气的目的是增加污水中的溶解氧以供微生物代谢，其次是让水充分混合，起搅拌作用。曝气 系统以风机作为动力源，输送空气至缓冲水箱 TK101、FBAF1 反应器 TK201、FBAF2 反应器 TK02 和电解槽 TK211。风机 BL401 将压缩空气分成以下几路：

（a）进入缓冲水箱 TK101，调节球阀 A1、A2 控制气量；

（b）进入 FBAF1 反应器，调节球阀 A3、A4 控制气量；

（c）进入 FBAF2 反应器，调节球阀 A5 控制气量；

（d）进入电解槽搅拌。调节球阀 A6 控制气量。

D. 氧化剂管系。

氧化剂管路系统由氧化剂设备 OD401、氧化剂投加泵 P401 及其管线阀门组成，根据系统压力开关检测到管道内有压力，氧化剂投加泵自动开启，将催化氧化罐 TK401 水抽出，在循环至罐体内。而氧化剂设备产生的强氧化剂通过水射器输入到投加泵循环水管路中，与水混合进入催化氧化罐中进行氧化净水作用，强氧化剂管线采用 PVC 材质管道。

氧化剂投加泵 P401 在开启前要打开进、出水蝶阀 T1、T2，并打开循环管路控制蝶阀 T3，关闭溢流球阀 D2。调节氧化剂进气阀 O1 来控强氧化剂进气量。

E. 强氧化剂尾气排放管线。

强氧化剂尾气排放管线主要用于 BAC 滤器 AF401、催化氧化罐 TK401 残余气体的排放，该管线直接通入到电解集水槽 TK301 中，使剩余强氧化剂气体与集水槽废水混合，氧化水中的有机物，以达到回收利用的目的。

BAC 滤器和催化氧化罐上方分别设有 R4 和 R5 球阀来控制气体排出，通过调节 R1、R2 球阀来控制尾气进出集水槽 TK301 中。

F. BAC 反洗。

污水处理系统每日要对 BAC 滤器进行一次反洗，以保证 BAC 滤器水质提高。反洗操作每日设定在指定的时间进行，当系统运行到达反洗时间时，反洗进水电动阀 EMV412 和反洗出水电动阀 EMV413 开启，催化氧化罐进水电动阀 EMV401 和排海电动阀 EMV411 关

闭，催化提升泵将水输送至 BAC 滤器底部，自下而上进行反洗，反洗时间一般为 5 ~ 10min，直到反洗出水清澈为止。

（4）操作规程。

①系统运行前检查工作。

检查风机 BL201A/B、粉碎泵 P111A/B、催化提升泵 P301A/B、氧化剂投加泵 P401 转向是否正确。

检查缓冲水箱 TK101、FBAF1 反应器 TK201、FBAF2 反应器 TK202、电解反应器 TK211、大流量过滤器 HF401、催化氧化罐 TK401 和 BAC 滤器 AF401 反应装置箱体表面及所连接的管路、阀门是否漏水。

检查各个设备及装置保温伴热是否到位，以确保无设备内部、管路、阀门无冻冰现象。如发现有冻冰现象，要及时调整保温伴热，进行解冻。

检查各个设备（粉碎泵 P111A/B、风机 BL201A/B、催化提升泵 P301A/B、氧化剂投加泵 P401、氧化剂设备 OD401）启动前状态，参照各个设备的操作规程进行检查，各个设备的操作规程详见文件中，各个厂家提供的说明书。

检查浮球液位计（缓冲水箱 TK101）、液位开关（电解槽 TK211 和集水槽 TK301）、电动阀、流量计接线状态，以及粉碎泵出口压力表、风机压力表、催化提升泵压力表、氧化剂投加泵压力表状态是否正常。

②运行前准备工作。

A. 缓冲水箱 – 粉碎泵 – FBAF1 反应器 – FBAF2 反应器 – 电解槽管段。

打开缓冲水箱出水阀门 F0，粉碎泵进出口阀门 P1、P2（P3、P4），打开缓冲水箱回流管路进水阀门 B1，调节回流管路阀门 H1 开度至 3/4。

打开 FBAF1 反应器进水阀门 F1，FBAFA2 反应器和电解槽进水是靠溢流进水，所以无进水阀门。

打开缓冲水箱进气球阀 A1、A2，FBAF1 反应器进气球阀 F3、F4，FBAF2 反应器进气球阀 F5，电解槽进气球阀 F6。

关闭缓冲水箱排泥阀 B0，FBAF1 反应器排泥阀门 B2、B3，FBAF2 反应器排泥阀门 B4，电解槽排泥阀门 B5，电解集水箱排泥阀门 B6 和排泥管线出口阀门 B9。

打开缓冲水箱上方排气阀门 R7，FBAF1 反应器上方排气阀门 R6、R3，FBAF2 反应器上方排气阀门 R2。

B. 催化提升泵 – 大流量过滤器 – 催化氧化管 – BAC 滤器管段。

打开电解槽集水箱出水阀门，催化提升泵进出口阀门 P5、P6（或 P7、P8），打开大流量过滤器出水阀门 G2，并关闭溢流阀门 G1。

打开 BAC 滤器、催化氧化罐排气阀门 R5、R4，打开电解槽进气阀门 R1。

C. 氧化剂设备 – 氧化剂投加泵 – 催化氧化罐 – BAC 滤器管段。

按照《氧化剂设备操作说明书 HHO – 80》要求开启冷却循环管路阀门，冷却水箱中加满防冻液。

打开氧化剂投加泵进出水阀门 T1、T2 以及管道控制阀门 T3，打开催化氧化罐底部出水阀门 B7，关闭 BAC 滤器底部出水阀门 B8，关闭溢流阀门 D2。

打开氧化剂管道进气阀门 O1。

③系统设备操作规程。

A. 启动电源。

要熟读电气柜的操作规程，检查现场电气连接情况和电气柜电线连接情况，确认无误后开启电气柜主电源。

B. PLC 程序操作规程。

a. 登录页面（图 6－1）。

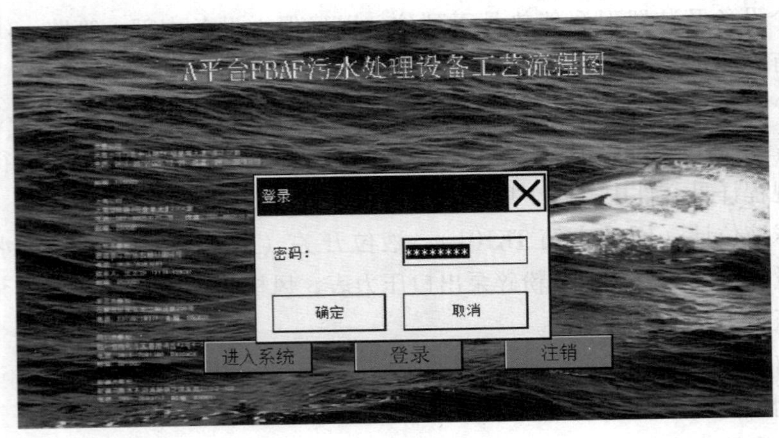

图 6－1　登录界面

登录：点击“登录”选项，系统弹出“登录”对话框，输入密码：123456，并确定，点击进入操作页面。管理员登录密码：2016，进入界面可进行操作和设置运行参数。

b. 操作界面（图 6－2）。

（a）操作界面设置栏。

如图 6－2 右下角显示四个选项：一键开机、报警、参数设置和返回。

一键开机：点击“一键开机”选项，系统所有设备全部进入自动系统控制状态。

报警：点击“报警”选项，系统弹出报警界面，如图 6－3 所示，该界面会提示操作系统运行情况及故障情况。

参数设置：点击“参数设置”选项，系统弹出参数设置界面，如图 6－4 所示，该界面用于设置系统设备运行参数。

返回：点击“返回”按钮，将回到首页的登录页面。

（b）操作界面设备组成及设置。

如图 6－2 所示，该系统设置选项由风机 1、风机 2，粉碎泵 1、粉碎泵 2、电解电源、催化提升泵 1、催化提升泵 2、氧化剂投加泵、EMV401 电动阀、EMV411 电动阀、EMV412 电动阀、EMV413 电动阀所组成。每个选项可以设置自动和手动模式，如图 6－5

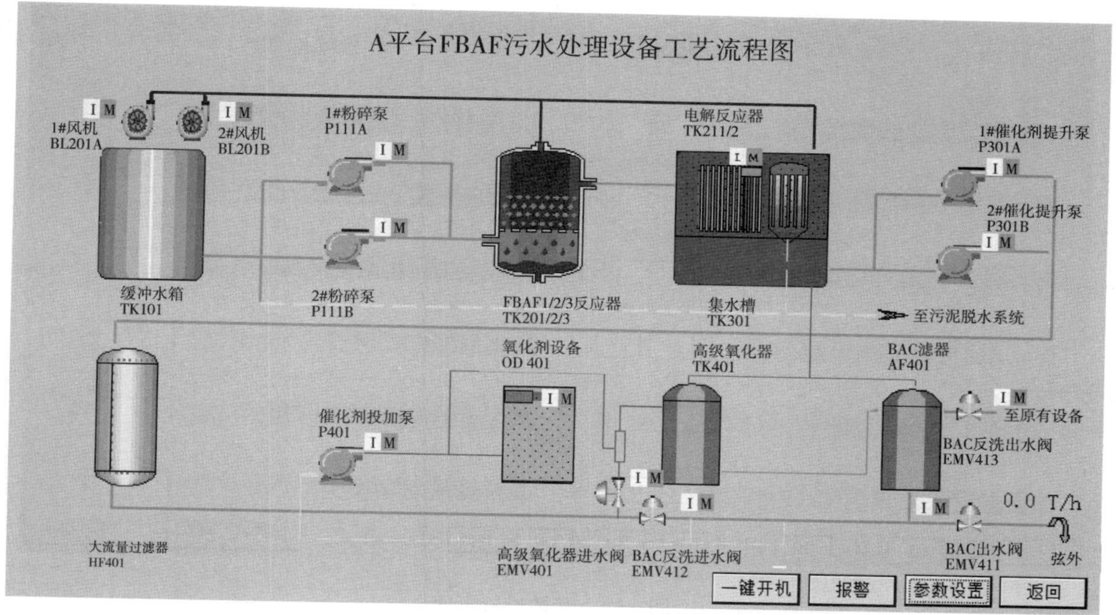

图6-2　操作界面

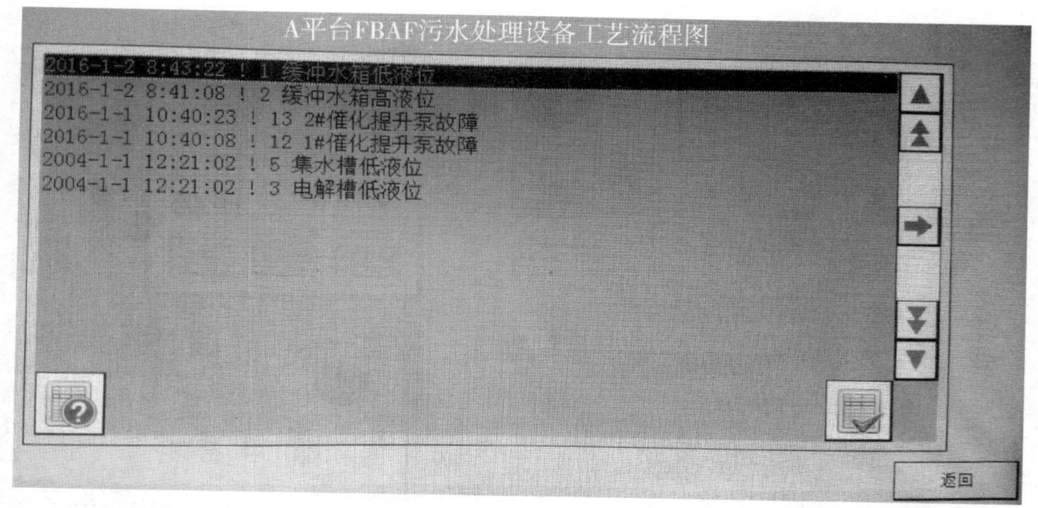

图6-3　报警界面

所示。

以1#粉碎泵为例，点击界面上1#粉碎泵的图标，界面上弹出“1#粉碎泵P11A”对话框，对话框显示出粉碎泵目前所处的状态，例如当粉碎泵处于运行状态时，运行状态栏将亮起绿灯。此外，在对话框中可以设置1#粉碎泵的手动和自动两种模式，点击“PC手动”或“PC自动”就相应地处于各自模式。

当对话框设置完毕后，点击“退出”进入操作页面，设备运行时，系统流程图相应选项就会亮起绿灯，表明设备正在运行。在图标的右上角有“M”和“A”两种状态，M代

A平台FBAF污水处理设备工艺流程图

粉碎泵定时切换时间设定 12 小时 1#主2#备

风机定时切换时间设定 12 小时 1#主2#备

催化提升泵定时切换时间设定 12 小时 1#主2#备

BAC滤器定时反洗设定 10:27:00

BAC滤器反洗时间设定 300 秒

流量量程上限设定 60.0 T/h

投加泵压力检测时间设定 60 秒

投加泵重复开启时间设定 600 秒

氧化剂压力检测时间设定 120 秒

氧化剂排空时间设定 60 秒

氧化设备延时时间设定 120 分

流量量程下限设定 0.0 T/h

15 年 01 月 02 日 10:30:00 校时

恢复出厂设置 返回

图6-4 参数设置页面

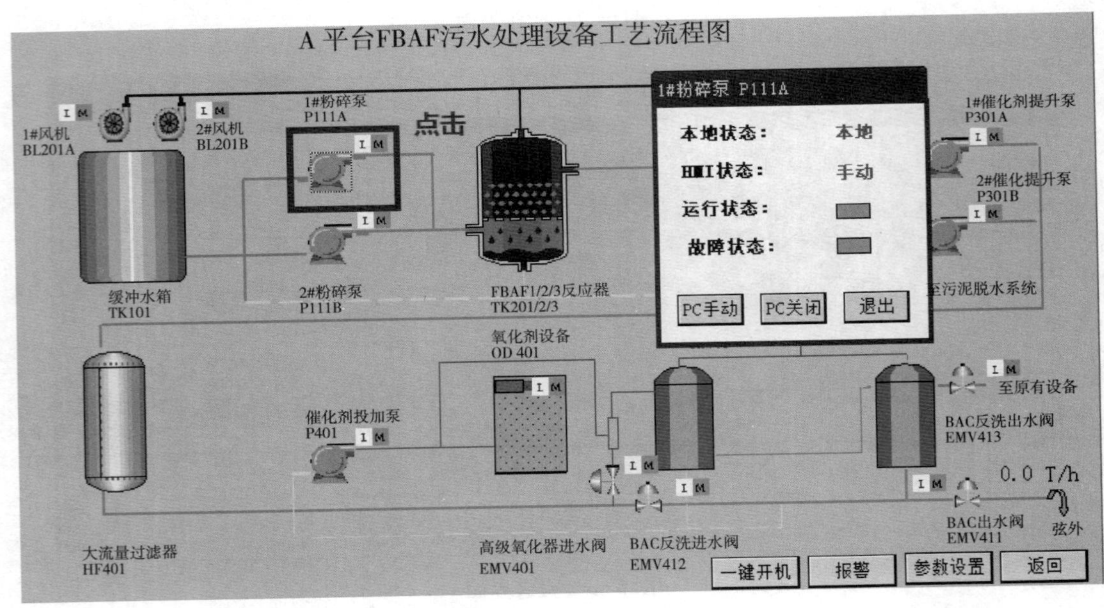

图6-5 粉碎泵设置状态

表手动模式，A 代表自动模式，可通过对话框设置。

阀门设置同上，点击电动阀图标，系统界面弹出电动阀运行状态对话框，根据框内选项设置手动和自动模式。如图 6-6 所示。

（c）电控柜旋扭设置模式。

如图 6-7 所示，将旋钮打到“Ⅱ”位置时，设备启动，默认为自动模式，即通过系统程序参数设置，自动开启设备，设备开启时，指示灯亮。

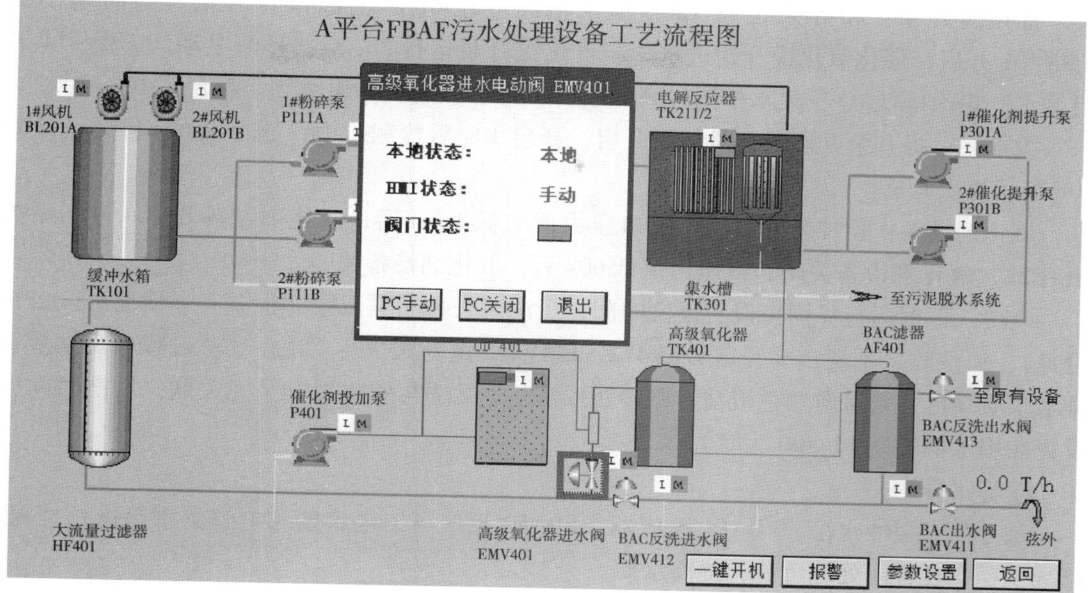

图 6-6　电动阀设置

将旋钮打到“Ⅰ”档位置时，设备处于手动状态，脱离程序控制，当设备启动时，电控柜相应指示灯亮。

将旋钮打到“0”档位置时，设备处于关闭状态，指示灯熄灭。

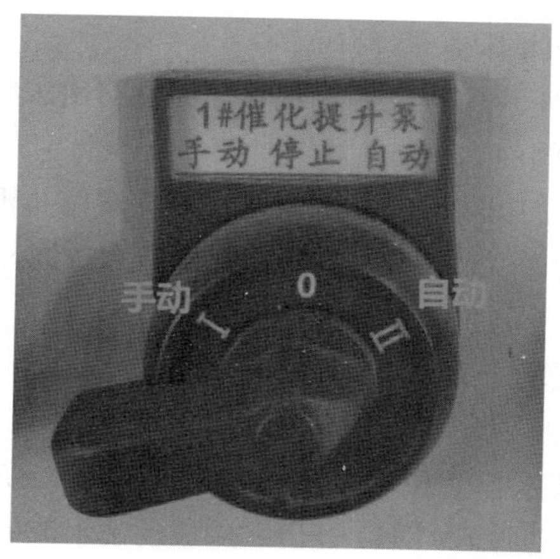

图 6-7　电控柜旋钮控制

④PLC 程序逻辑说明。

粉碎泵：缓冲水箱非低液位 5min/缓冲水箱高液位启动粉碎泵；当缓冲水箱低液位/电解槽高液位/集水箱高液位，粉碎泵停止。两台泵 12h 切换。

风机：粉碎泵运行 150s 后开启风机，粉碎泵停止运行 2h，风机关闭。两台风机 12h 切换。

电解槽：非低液位 30s/高液位开启，低液位持续 5min 后关闭。

催化提升泵：粉碎泵运行180s/集水槽高液位/电解槽高液位开启，同时电动阀EMV401开启，催化氧化罐开始进水。当催化提升泵运行20s后，排海电动阀EMV411开启排水；集水槽低液位/集水槽同时高低液位8min，催化提升泵关闭。两台泵12h切换。

投加泵：提升泵开启时，投加泵开启，开启10s后检测压力，压力低60s停泵，延时10min后再次开启。

氧化剂设备：投加泵开启后，出口压力值非低1min后，氧化剂设备开启。投加泵关闭后2h，氧化剂设备关闭；或压力值低60s后，氧化剂设备关闭。

反洗：根据运行界面可设置反洗时间、反洗时长和间隔天数（根据实际情况可以自行设置）。反洗时，系统自动开启EMV412、EMV413电动阀进行反洗。反洗过程中观察最终排水水质颜色，若水质颜色澄清，则停止反洗。（反洗与催化提升泵无关联，反洗时间应设置在用水低峰期14：00为宜）。

⑤管路排泥。

每月要对缓冲水箱、FBAF1反应器、FBAF2反应器、电解槽和电解集水箱进行排泥，以减少反应装置内处理负荷，提高水质。

排泥操作说明：

在开始排泥前，要手动关闭风机、粉碎泵和催化提升泵。

缓冲水箱：打开B0、B9排泥阀，观察排泥管路出水状态，水质呈浑浊现象，直到排出澄清水时，关闭B0阀门。

FBAF1反应器：打开B2、B3、B9排泥阀，观察排泥管路出水状态，水质呈浑浊现象，直到排出澄清水时，关闭B2、B3阀门。

FBAF2反应器：打开B4、B9排泥阀，观察排泥管路出水状态，水质呈浑浊现象，直到排出澄清水时，关闭B4阀门。

电解槽和电解集水箱：打开B5、B6、B9排泥阀，观察排泥管路出水状态，水质呈浑浊现象，直到排出澄清水时，关闭B5、B6阀门。当所有排泥操作结束后，关闭B9阀门。

⑥反洗。

A. 反洗工艺流程图（图6-8）。

B. 反洗操作规程。

反洗操作前，要保证集水槽液位在低液位条件下进行，防止提升泵启动影响反洗操作。（提升泵启动，排海电动阀EMV411开启，造成反洗水流失排海）。

关闭废水管路的EMV401、EMV411电动阀（排海），打开BAC滤器反洗进水电动阀EMV412和反洗出水电动阀EMV413。

打开淡水罐阀门，再缓慢打开并调节淡水管路控制阀门V1，观察压力表读数，压力不能超过0.3MPa。

每次反洗时间为5min，反洗间隔为21d。

反洗结束后，迅速关闭淡水管路控制阀门V1，然后关闭淡水罐阀门，最后关闭进、出水电动阀门EMV412和EMV413，完成反洗操作。

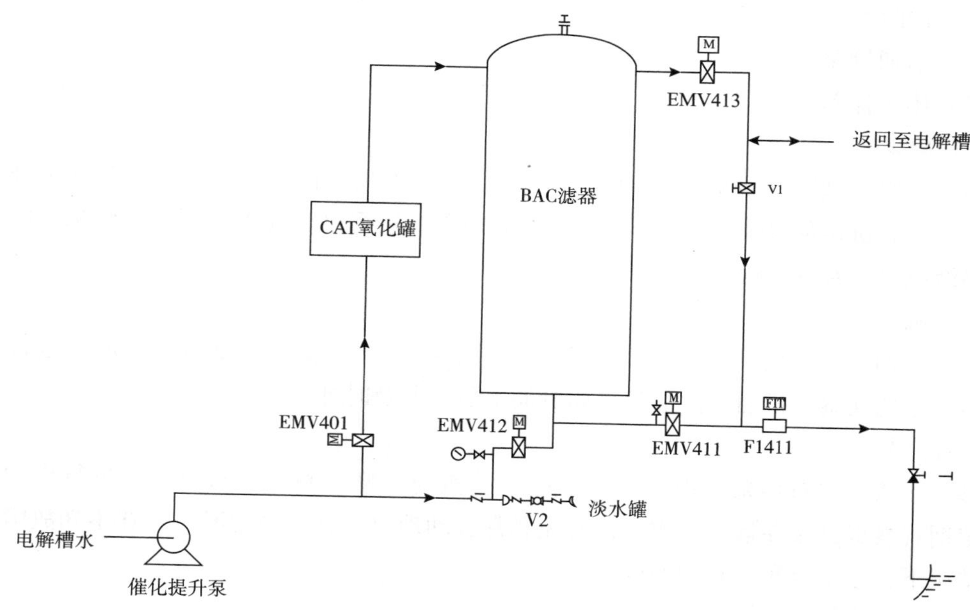

图6-8 反洗工艺流程图

⑦故障分析。

A. 一般故障分析及排除。

当集水反应槽水位达到高位时或电机发生过载故障时，处理装置电控箱上的红色指示灯显示“集水反应槽高位”或“电机故障”报警，同时鸣音器发出声响报警，提醒值班人员排除故障。此时，值班人员可先通过消音按钮消音，然后再进行故障处理。

B. 安全保护措施及故障处理。

a. 当发生集水反应槽高位报警时，检查是否由于下列原因造成该故障：

(a) 排放阀门关闭；

(b) 管路堵塞或泄漏；

(c) 电机反转；

(d) 催化提升泵故障。

故障检修：

(a) 如果阀门是关闭的则打开阀门；

(b) 如果管路堵塞，则疏通管路；

(c) 如果泵的转向错了，根据生产厂的说明改过来；

(d) 如果催化提升泵故障，则维修催化提升泵。

b. 当发生电机过载故障报警时，检查是否由于下列原因造成该故障：

(a) 过载电动机是否有垃圾堵塞；

(b) 管路是否有堵塞问题。

故障检修：

（a）清除垃圾；

（b）疏通管路。

（5）维护保养。

①粉碎泵。

参考《CWF 型卧式粉碎泵使用说明书》中“7. 作用与保养”章节，对粉碎泵进行维护和保养。对粉碎泵运转声音进行判断，杂音较大，进行停车检查。观察粉碎泵运转时是否有料液溢出，若有问题，进行停车检查。

②风机。

参考《回转风机使用说明书》中“六、风机维护保养要点”章节，对风机进行维护和保养。定期观察风机油箱内油量，如机油不足，要及时补油。

③提升泵。

参考《管道式排污泵使用说明书》中“检查与维修”章节，对提升泵进行维护和保养。定期观察提升泵在运行过程中，有无异常震动现象、有无异常噪声，在不知故障产生原因情况下，立即停车，查明原因。

④氧化剂投加泵。

参考《氧化剂投加泵使用说明书》中“六、启动、操作和维护”章节内容，对氧化剂投加泵进行维护和保养。注意定期观察泵的运行压力变化情况、是否有泄漏、运行时有无噪声。发现问题，要及时停车检查。每日要保证氧化剂投加泵清洁状况。

⑤电解槽。

日常观察电解槽有无漏水情况，为防止极板腐蚀，电解槽需要经常保持带电状态。经常观察高、低液位开关的状态，通过提升泵运行和出口压力值来判断高液位开关状态（当提升泵长时间运转，出口无压力，而高液位指示灯亮，则说明高液位开关失灵，需要更换备件；同理，低液位指示灯不亮，则说明低液位开关失灵，需要更换备件）。

⑥滤芯更换。

在正常运行的条件下，根据厂家所提供的数据，滤芯进出压差达到 2bar 或使用 3 个月后，更换滤芯时，应停止催化氧化泵运行，关闭大流量进出口管路所有阀门，排出所有污水。卸下进水封头，保管好螺栓、螺母，将滤芯取出，更换后按上述步骤安装好滤芯，安装垫片、上封头、紧固好螺母，然后打开相应阀门。

⑦阀门。

定期对阀门进行巡检，在不影响工艺操作的情况下，适当的开启/关闭阀门操作两次左右，对蝶阀要适当补充油脂。

⑧Y 型过滤器。

定期观察提升泵出口压力值，压力值过低，说明电解槽出水管路中 Y 型过滤器堵塞，需要打开 Y 型过滤器，取出滤芯进行清理。

⑨氧化剂设备。

氧化剂设备使用注意确保设备冷却水泵、冷却风扇是否正常，如果冷却系统正常，还要通过观察设备面板上的电压和电流，以及空气量进行判断，一旦任何一个值低于正常值都有可能是设备运行故障。正常运行时，定期更换冷却液，检查冷却管路、投加管路是否泄漏。其他详见氧化及设备操作手册。

6.4 海上高盐废水 FBAF－电催化氧化污水处理装置运行说明书

6.4.1 前言

6.4.1.1 主要用途及适用范围

本使用说明书适用于海上高盐废水污水处理装置（以下简称处理装置），介绍了处理装置的原理、使用、操作和维修。

本处理装置用于处理 60 人船上、平台上由粪便、便纸和冲洗水组成的黑水以及厨房灰水，使处理后的排放水质达到 GB 4914—2008 《海洋石油勘探开发污染物排放浓度限值》规定的排放标准。

本技术条件适用于中海油 HH－HSFBAF－60 生活污水处理装置（CEPX－X－4601）的设计、制造、试验、验收和交货。

6.4.1.2 编制依据及引用文件

ANSI B16.5《管法兰及管件标准》美标；

GB/T 13306—1991《产品标牌标准》；

GB/T 3181—1995《漆膜颜色标准》；

GB/T 9174—1988《一般货物运输包装通用技术条件》；

GB 4914—2008《海洋石油勘探开发污染物排放浓度限值》；

《钢制海船入级建造规范》（2006 版）；

CCS（2006）污水处理装置技术规范要求。

6.4.1.3 工作条件

1）环境条件

横摇：±22.5°（周期 7～25s）；

长期横倾：±15°；

长期纵倾：±5°（周期 7～25s）；

环境温度：－21.6～30.3℃；

采用电伴热后环境温度：5～55℃；

船舶正常运营中产生的振动和冲击；

潮湿空气、盐雾、油雾和霉菌。

2）材料结构和工艺要求

生活污水处理装置柜体钢板材质为双相不锈钢/FRP；管道材质为双相不锈钢或 CPVC，阀门为 316/CPVC。螺栓材质为 316，螺母材质为 316。

零件应尽可能采用标准件，非标准件按零件图施工。

管架、支架及装置本体等零部件应按有关喷丸除锈、涂料防腐的要求处理。

除不锈钢和铜材质、塑料的材料外，装置应除锈到 Sa2. 5 级后方可作防腐处理，与污水接触的内壁涂料为环氧煤沥青漆。

装置电控箱的电器元件及电动机为防爆产品，外壳防护等级为 IP65。防爆等级为 Exd ia mb px ⅡCT4。

装置采用保温、伴热，伴热为美国瑞侃公司产品，伴热温度为 5℃。保温材料为玻璃纤维棉，厚度 50mm。

电控箱采用减震安装。

3）安全性

本装置在系统中设有自动保护装置，具有安全接地措施，电机具有断相、短路、过载保护。

6. 4. 1. 4　技术条件

功能特性：

型号名称：HH－HSFBAF－60 生活污水处理装置。

适用人数：60 人［生活污水、厨房灰水 280L/（人·天），厕所等黑水 70L/（人·天）］。

处理量：额定 21000L/d，最大 22050L/d。

排放水质（表 6－6）：

表 6－6　排放水质

污染物	大肠杆菌数	COD
排放限值	≤100 个/100mL	≤300mg/L

排放水压力：0. 10MPa。

总功率：18. 4kW。

6. 4. 1. 5　安全要求

在打开任何贮有污水的容器时，必须确保处所的通风良好。因为容器内可能含有令人恶心或中毒的气体，在没有彻底通风和没有他人在场的情况下，禁止打开容器。生活污水是传播寄生虫疾病的常见媒介，其中有些会引起严重疾病。设备维修与管理人员必须保持良好的个人卫生，在与粪便或受污染的设备接触后，必须用清洁剂或肥皂清洗干净。如果人的皮肤擦伤、刺破和其他创伤必须及时进行医疗处理。工作场所必须保持清洁整齐和卫生、干燥，如果有生活污水溢出必须马上清洁。

FBAF 污水处理系统采用氧化剂作为氧化剂，对水中的有机物、微生物和细菌进行氧化降解，以达到净水的目的。氧化剂在空气中易分解成氧气，其半衰期在 30～40min 之间。溶于水中的氧化剂的半衰期仅为几分钟，在工作现场所允许的最大浓度为 $2mg/m^3$。

氧化剂无论如何不能用于处理气态物质、非水的液体或固体材料，切勿将其与其他物质混合，诸如油脂、油、润滑油、溶剂、酸、碱、肥皂、油漆、家用产品、垃圾、饮料、松油、脏的抹布等。若同此类化学品或产品相混合，可能导致起火。其火势会很大。因此，在使用氧化剂氧化剂过程中请注意以下事项：

（1）如发生火灾，将水注入并用水冷却周围地区。

（2）切勿将氧化剂及其溶液与眼睛、皮肤、黏性的薄膜或衣物相接触，否则会导严重的化学损伤。

（3）用大量的水来冲洗处理泼出的氧化剂。若需冲洗处埋残留在容器内的溶液，只需静置10min即可，冲洗后的水可回收到污水处理系统中。

6.4.2 设备装置

6.4.2.1 组成和技术特征

本处理装置为撬块式结构，由FBAF罐、电解槽、大流量过滤组件、催化氧化罐、供气组件、氧化设备组件、排放组件、电控组件等组成，所有组件按照现场情况分别安装在几个公共机座上。

6.4.2.2 外形尺寸

FBAF罐：1500mm×1000mm×2000mm；

电解反应器：1500mm×1000mm×2000mm；

氧化剂设备：660mm×450mm×1500mm；

催化氧化设备：Φ1200mm×2380mm。

6.4.2.3 结构形式及组成

1）主要设备组成（表6-7）

表6-7 HH-HSFBAF-60生活污水装置主要设备组成

序号	名称	型号	单位	数量	厂家
1	粉碎泵	0.5CWF-10	台	2	泰州霞鑫
2	风机	HC-50S	台	2	江苏张亿
3	氧化剂投加泵	CDLF4-5	台	1	杭州南方
4	电气控制箱	PXK	台	1	二工
5	液位浮球	HT-M15-2	只	1	乐清环
6	大流量滤芯	HH-MF40PP	个	1	大连浩海
7	电催化电极	640×840×8	块	20	大连浩海
8	催化反应罐	HH-CATC1100	台	1	大连浩海
9	压力开关	PS110-315E8004	只	1	欧泊仪表
10	电磁流量计	KRF-E101-（65）11000C20	只	1	上海五寰
11	氧化剂设备	HHO-80	台	1	大连浩海

2）接口

（1）功能接口。

装置采用交流380V、50Hz三相三线制电源，以及220V AC、50Hz单相两线制电源。

生活污水处理装置提供：

DI：装置运行状态；

装置停止状态；

装置综合报警；

装置故障关断报警。

DO：装置应急关断（要求切断供电线路对整个污水处理系统的供电）。

（2）物理接口（表6-8）。

表6-8 HH-HSFBAF-60 生活污水处理装置接口

接　口	规格大小	标　准
黑水入口	DN150	法兰（ANSIB16.5）
灰水入口	DN150	法兰（ANSIB16.5）
冲洗水	DN50	法兰（ANSIB16.5）
通气口	DN80	法兰（ANSIB16.5）
应急溢流口	DN80	法兰（ANSIB16.5）
标准排放口	DN50	快速接头（GB/T 3657—94）
排放口	DN80	法兰（ANSIB16.5）
撬座排放口	DN25	法兰（ANSIB16.5）

注：以上接口均提供配对法兰，包括螺栓螺母组合件。

（3）工作原理。

本处理装置的处理对象是生活污水（黑水）和厨房灰水，采用序批式工艺和生物膜法、电催化氧化相结合达到降解水中有机物的目的。

本处理装置的本体由FBAF反应器、电解反应槽、大流量过滤器、催化氧化罐组成。

①污水处理装置工艺流程。

生活污水和厨房灰水、冲厕黑水直接进入FBAF反应器TK101微生物反应后，经过粉碎泵P111A/B送入电解槽，同时风机对FBAF反应器污水进行曝气，以提供微生物代谢氧源。微生物降解后的废水溢流进入电解槽TK211、TK212中在进行电化学反应，通过氧化还原反应，将污染物碳化分解，最终产生沉淀以及强氧化物、自由基等氧化分解有机物以达到降解有机物目的，沉淀的污泥进入电解槽底部，上清液则进入催化氧化罐CAT301进行氧化反应，在这过程中，氧化剂发生器OD401产生的强氧化剂与水混合，经投加泵P301经过大流量过滤器HF401进至催化氧化罐中与污水中的有机物进行氧化反应，杀死细菌。经处理后的废水达到各项排放标准，出水经过流量计FI311后排出。

②污水处理主要设备。

风机BL401/402。本装置设置两台风机（一用一备），主要作用是向装置提供生化作用所必须的空气和回流作用的气源。

粉碎泵 P111A/B。本装置共设两台粉碎泵（一用一备），主要作用是将原水中污杂物通过粉碎泵粉碎后送入下一级。粉碎污水中大颗粒悬浮物和杂物，防止后续设备堵塞。出水自流进入高效 FBAF 反应器中。

氧化剂投加泵 P301。本装置设置一台氧化剂投加泵，主要是将氧化剂通过投加泵、水射器等，在负压条件下，将氧化剂送入催化氧化罐与废水充分混合氧化，将废水中的有机污染物分解成小分子，直至碳化。

电解设备 TK211。电解柜给电催化设备供电，其负荷随水质水量自动调节，主要是将生化后水中残留污染物通过电化学反应进一步去除。

电催化氧化设备 TK212。电解柜给电解设备供电，其负荷随水质水量自动调节，利用催化氧化三维电极产生强氧化剂及自由基，主要是将生化后水中残留污染物通过电催化氧化分解有机物，从而将其进一步去除。

氧化剂设备 OD301。氧化剂设备置于安全区，与氧化剂投加设备连锁，一旦氧化剂投加泵出口压力不低，则氧化剂设备投运。氧化剂设备的作用主要是对污水进行氧化分解、消毒处理，去除大肠杆菌。

保护报警。本装置设有过载报警和 FBAF 罐 TK101 高液位、氧化剂投加泵 P301 出口低压报警。

③结构和管系的工作原理。

A. 排放水管系。

排水管路系统由电解槽 TK211、TK212 出水管路至催化氧化罐出水排海管路组成，其中以粉碎泵 P101A/B 作为动力源，将水输送流经电解槽、催化氧化槽后，排至大海。氧化剂投加泵抽取催化氧化罐内水经大流量过滤器 HF301 后再次进入催化氧化罐 CAT301，将来水进行进一步处理。打开催化氧化罐 CAT301 出水电动蝶阀 EMV302，最后系统会根据处理的输送水量多少，自动开启排海电动阀 EMV302 进行排水，排海管路设置流量计 FI311 进行监测流量。

B. 排泥管系。

本污水处理装置排泥管路系统由 2 段组成，分别由 FBAF 罐 TK101、电解槽 TK212 两部分排泥管段组成，通过一条主排泥管路进行排放。排泥方式靠排泥泵，通过各个反应装置排泥管出口蝶阀 B1 – B4，来控制排泥开启和关闭操作。

C. 曝气系统。

本套污水处理系统根据各个反应器的特性，设计了曝气系统，曝气的目的是增加污水中的溶解氧以供微生物代谢，其次是让水充分混合，起搅拌作用。曝气系统以风机作为动力源，输送空气至 FBAF 反应器 TK101、电解槽 TK211。风机 BL201 将压缩空气分成以下几路：

（a）进入 FBAF 反应器，调节球阀 A1、A2 控制气量；

（b）进入电解槽搅拌，调节球阀 A3 控制气量。

D. 氧化剂管系。

氧化剂管路系统由氧化剂发生器 OD301、氧化剂投加泵 P301 及其管线阀门组成，根据系统压力开关检测到管道内有压力，氧化剂投加泵自动开启，将催化氧化罐 CAT301 水抽出，在循环至罐体内。而氧化剂发生器产生的氧化剂通过水射器输入到投加泵循环水管路中，与水混合进入催化氧化罐中进行氧化净水作用，氧化剂管线采用 PVC 材质管道。

氧化剂投加泵 P301 在开启前要打开进、出水蝶阀 T1、T2，并打开循环管路控制蝶阀 T3，关闭外排球阀 D2。调节氧化剂进气阀 O1 来控氧化剂进气量。

E. 氧化剂尾气排放管线。

氧化剂尾气排放管线主要用于催化氧化罐 CAT301 残余气体的排放，该管线直接通入到电解集水槽 TK201 中，使剩余氧化剂气体与集水槽废水混合，氧化水中的有机物，以达到回收利用的目的。

催化氧化罐上方设有 R3 球阀来控制气体排出，通过调节 R1、R2 球阀来控制尾气进出电解槽 TK201 中。

F. 催化氧化槽反洗。

污水处理系统约一个月要对催化氧化槽进行一次反洗，以保证出水水质提高。反洗操作每日设定在指定的时间进行，当系统运行到达反洗时间时，反洗进水电动阀 EMV303 和反洗出水电动阀 EMV304 开启，催化氧化罐进水电动阀 EMV301 和排海电动阀 EMV302 关闭，利用外部海水进行反洗，海水送至催化反应器底部，自下而上进行反洗，反洗时间一般为 5～10min。

（4）操作规程。

①系统运行前检查工作。

检查风机 BL201A/B、粉碎泵 P111A/B、氧化剂投加泵 P301 转向是否正确。

检查 FBAF 反应器 TK101、电解反应器 TK201、大流量过滤器 HF301、催化氧化罐 CAT301 及所连接的管路、阀门是否漏水。

检查各个设备及装置保温伴热是否到位，以确保无设备内部、管路、阀门无冻冰现象。如发现有冻冰现象，要及时调整保温伴热，进行解冻。

检查各个设备（粉碎泵 P111A/B、风机 BL201A/B、氧化剂投加泵 P301、氧化剂发生器 OD301）启动前状态，参照各个设备的操作规程进行检查，各个设备的操作规程详见文件中，各个厂家提供的说明书。

检查浮球液位计（FBAF 反应器 TK101）、温度传感器（电解槽 TK201）、压力开关（氧化剂投加泵 P301）、电动阀、流量计接线状态，以及粉碎泵出口压力表、风机压力表、催化提升泵压力表、氧化剂投加泵压力表状态是否正常。

②运行前准备工作。

A. FBAF 反应器－粉碎泵－电解槽管段。

打开 FBAF 反应器出水阀门 F0，粉碎泵进出口阀门 P1、P2（P3、P4），打开 FBAF 反应器回流管路进水阀门 B1，调节回流管路阀门 H1 开度至 3/4。

电解槽进水是靠重力溢流进水，无进水阀门。

打开 FBAF 反应器进气球阀 A1、A2，电解槽进气球阀 A3。

关闭 FBAF 反应器排泥阀 B2，电解槽排泥阀门 B4，排泥管线出口阀门 B2。

打开电解槽进气阀 R1、R2。

B. 氧化剂设备－氧化剂投加泵－催化氧化罐管段。

按照《氧化剂设备操作说明书 HHO－80》要求开启冷却循环管路阀门，冷却水箱中加满防冻液。

打开氧化剂投加泵进出水阀门 T1、T2 以及管道控制阀门 T3，打开催化氧化罐底部出水阀门 T3。

打开氧化剂管道进气阀门 O1。

③系统设备操作规程。

A. 启动电源。

要熟读电气柜的操作规程，检查现场电气连接情况和电气柜电线连接情况，确认无误后开启电气柜主电源。

B. PLC 程序操作规程。

a. 登录页面。

登录页面图同图 6－1。

登录：点击“登录”选项，系统弹出“登录”对话框，输入密码：123456，并确定，点击进入操作页面。管理员登录密码：2016，进入界面可进行操作和设置运行参数。

b. 操作界面。

操作界面同图 6－2。

（a）操作界面设置栏。

如图 6－2 右下角显示四个选项：一键开机、报警、参数设置和返回。

一键开机：点击“一键开机”选项，系统所有设备全部进入自动系统控制状态。

报警：点击“报警”选项，系统弹出报警界面，如图 6－3 所示，该界面会提示操作系统运行情况及故障情况。

参数设置：点击“参数设置”选项，系统弹出参数设置界面，如图 6－4 所示，该界面用于设置系统设备运行参数。

返回：点击“返回”按钮，将回到首页的登录页面。

（b）操作界面设备组成及设置。

如图 6－2 所示，该系统设置选项由风机 1、风机 2，粉碎泵 1、粉碎泵 2、电解电源、氧化剂投加泵、EMV301 电动阀、EMV302 电动阀、EMV303 电动阀、EMV304 电动阀所组成。每个选项可以设置自动和手动模式，如图 6－5 所示。

以 1#粉碎泵为例，点击界面上 1#粉碎泵的图标，界面上弹出“1#粉碎泵 P11A”对话框，对话框显示出粉碎泵目前所处的状态，例如当粉碎泵处于运行状态时，运行状态栏将亮起绿灯。此外，在对话框中可以设置 1#粉碎泵的手动和自动两种模式，点击“PC 手动”或“PC 自动”就相应的处于各自模式。

当对话框设置完毕后，点击“退出”进入操作页面，设备运行时，系统流程图相应选项就会亮起绿灯，表明设备正在运行。在图标的右上角有“M”和“A”两种状态，M代表手动模式，A代表自动模式，可通过对话框设置。

阀门设置同上，点击电动阀图标，系统界面弹出电动阀运行状态对话框，根据框内选项设置手动和自动模式。如图6-6所示。

（c）电控柜旋扭设置模式。

如图6-7所示，将旋钮打到“Ⅱ”位置时，设备启动默认为自动模式，即通过系统程序参数设置，自动开启设备，设备开启时，指示灯亮。

将旋钮打到“Ⅰ”档位置时，设备处于手动状态，脱离程序控制，当设备启动时，电控柜相应指示灯亮。

将旋钮打到“0”档位置时，设备处于关闭状态，指示灯熄灭。

④PLC程序逻辑说明。

粉碎泵：FBAF反应器非低液位5min/FBAF反应器高液位启动粉碎泵；当FBAF反应器低液位/电解槽高液位/集水箱高液位，粉碎泵停止。两台泵12h切换。

风机：粉碎泵运行150s后开启风机，粉碎泵停止运行2h，风机关闭。两台风机12h切换。

电解槽：非低液位30s/高液位开启，低液位持续5min后关闭。

投加泵：提升泵开启时，投加泵开启，开启10s后检测压力，压力低60s停泵，延时10min后再次开启。

氧化剂发生器：投加泵开启后，出口压力值非低1min后，氧化剂发生器开启。投加泵关闭后2h，氧化剂设备关闭；或压力值低60s后，氧化剂设备关闭。

反洗：根据运行界面可设置反洗时间、反洗时长和间隔天数（根据实际情况可以自行设置）。反洗时，系统自动开启EMV302、EMV303电动阀进行反洗。反洗过程中观察最终排水水质颜色，若水质颜色澄清，则停止反洗。（反洗时间应设置在用水低峰期14:00为宜）。

⑤管路排泥。

每半年或一年要对FBAF反应器、电解槽进行排泥，以减少反应装置内处理负荷，提高水质。

排泥操作说明：

在开始排泥前，要手动关闭风机、粉碎泵。

FBAF反应器：打开B1、B2排泥阀，观察排泥管路出水状态，水质呈浑浊现象，直到排出澄清水时，关闭B2阀门。

电解槽：打开B4排泥阀，观察排泥管路出水状态，水质呈浑浊现象，直到排出澄清水时，关闭B4阀门。当所有排泥操作结束后，关闭B3阀门。

⑥反洗

A. 反洗工艺流程图（图6-9）。

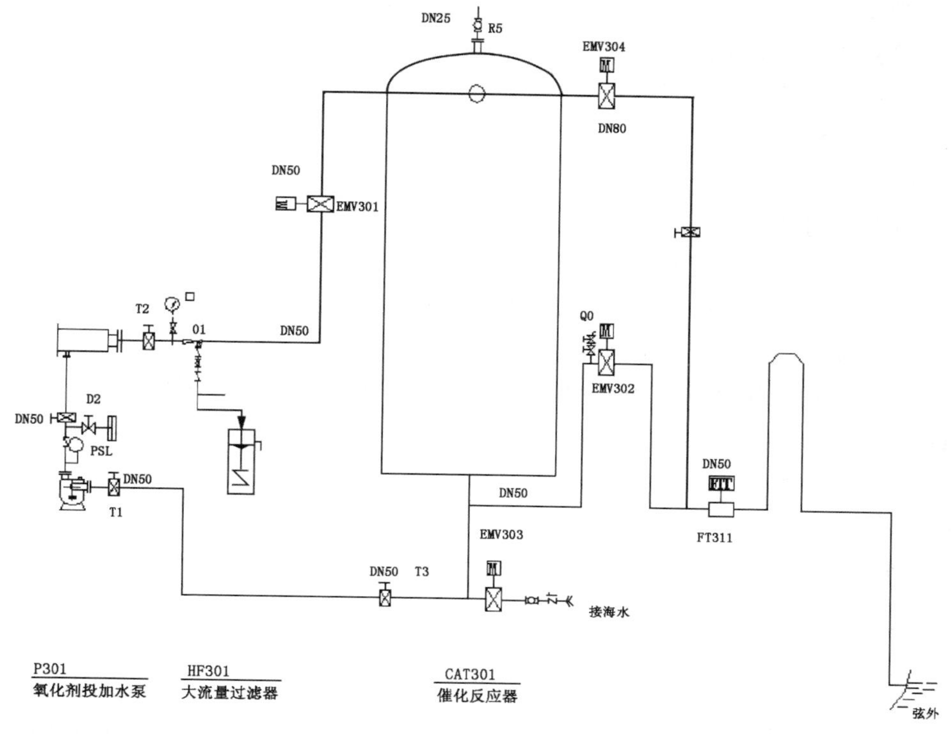

图6-9 反洗工艺流程图

B. 反洗操作规程。

反洗操作前，要保证 FBAF 反应器在低液位条件下进行，防止粉碎泵启动影响反洗操作。

关闭废水管路的 EMV301、EMV302 电动阀（排海），打开催化反应器反洗进水电动阀 EMV303 和反洗出水电动阀 EMV304。

打开反洗海水阀门，再缓慢打开并调节海水管路控制阀门 V1，观察压力表读数，压力不能超过 0.3MPa。

每次反洗时间为 5min，反洗间隔为 21d 或更长。

反洗结束后，迅速关闭海水管路控制阀门 V1，然后关闭淡水罐阀门，最后关闭进、出水电动阀门 EMV303 和 EMV304，完成反洗操作。

⑦故障分析。

A. 一般故障分析及排除。

当 FBAF 反应槽水位达到高位时或电机发生过载故障时，处理装置电控箱上的红色指示灯显示“FBAF 反应槽高位”或“电机故障”报警，同时鸣音器发出声响报警，提醒值班人员排除故障。此时，值班人员可先通过消音按钮消音，然后再进行故障处理。

B. 安全保护措施及故障处理。

a. 当发生 FBA 反应槽高位报警时，检查是否由于下列原因造成该故障：

(a) 排放阀门关闭；

(b) 管路堵塞或泄漏；

(c) 电机反转；

(d) 粉碎泵故障。

故障检修：

(a) 如果阀门是关闭的则打开阀门；

(b) 如果管路堵塞，则疏通管路；

(c) 如果泵的转向错了，根据生产厂的说明改过来；

(d) 如果粉碎泵故障，则维修粉碎泵。

b. 当发生电机过载故障报警时，检查是否由于下列原因造成该故障：

(a) 过载电动机是否有垃圾堵塞；

(b) 管路是否有堵塞问题。

故障检修：

(a) 清除垃圾；

(b) 疏通管路；

(5) 维护保养。

①粉碎泵。

参考《CWF 型卧式粉碎泵使用说明书》中“7. 作用与保养”章节，对粉碎泵进行维护和保养。对粉碎泵运转声音进行判断，杂音较大，进行停车检查。观察粉碎泵运转时是否有料液溢出，若有问题，进行停车检查。

②风机。

参考《回转风机使用说明书》中“六、风机维护保养要点”章节，对风机进行维护和保养。定期观察风机油箱内油量，如机油不足，要及时补油。

③氧化剂投加泵

参考《氧化剂投加泵使用说明书》中“六、启动、操作和维护”章节内容，对氧化剂投加泵进行维护和保养。注意定期观察泵的运行压力变化情况、是否有泄漏、运行时有无噪声。发现问题，要及时停车检查。每日要保证氧化剂投加泵清洁状况。

④电催化氧化槽。

日常观察电催化氧化槽有无漏水情况，为防止极板腐蚀，槽需要经常保持带电状态。经常观察电源柜输出电压、电流的状态，判断槽工作状态。

⑤滤芯更换。

在正常运行的条件下，根据厂家所提供的数据，滤芯进出压差达到2bar 或使用3 个月后，更换滤芯时，应停止催化氧化泵运行，关闭大流量进出口管路所有阀门，排出所有污水。卸下进水封头，保管好螺栓、螺母，将滤芯取出，更换后按上述步骤安装好滤芯，安装垫片、上封头、紧固好螺母，然后打开相应阀门。

⑥阀门。

定期对阀门尽心巡检，在不影响工艺操作的情况下，适当的开启/关闭阀门操作两次左右，对蝶阀要适当补充油脂。

⑦Y 型过滤器。

定期观察提升泵出口压力值，压力值过低，说明电解槽出水管路中 Y 型过滤器堵塞，需要打开 Y 型过滤器，取出滤芯进行清理。

⑧氧化剂设备。

氧化剂设备使用注意确保设备冷却水泵、冷却风扇是否正常，如果冷却系统正常，还要通过观察设备面板上的电压和电流，以及空气量进行判断，一旦任何一个值低于正常值都有可能是设备运行故障。正常运行时，定期更换冷却液，检查冷却管路、投加管路是否泄漏。其他详见氧化及设备操作手册。

参考文献

[1] IMO MARPOL73 /78 MEPC107. (49) [S].

[2] 黄忠秀. 船舶与港口水域防污染 [M]. 北京：人民交通出版社，1999.

[3] Klaus Mascow. Vacuum and sewage treatment [A]. Waste-water Treatment Technologies for Ships [C]. Oldenburg: Eule and Partners International Consulting SPRL, 1998, 377 ~ 397.

[4] Lex Van Dijk. Long term experiences and new developments in wastewater treatment aboard of ships with membrane bioreactor technology [A]. Ballast Water and Wastewater Treatment Aboard Ships and in Ports [C]. Bremerhaven; Eule and Partners International Consulting SPRL, 2003. 582 ~ 615.

[5] David Hill. Marine sewage treatment-electrolytic treatment of Black and greywater; assessment and enhancement [A]. Ballast Water and Waste Water Treatment Aboard Ships and in Ports [C]. Bremen; Eule and Partners International Consulting SPRL, 2004. 599 ~ 609.

[6] Jingshan Do, et al.. Insituoxidation degradation of formal dehyde with electrogenerated hydrogen per oxide [J]. Journal of Electrochemical society, 1993, 140 (6): 1632 ~ 1637.

[7] P. Gall one. Achievements and tasks of electrochemical engineering [J]. Electrochimica A cta, 1977, (22): 913 ~ 920.

[8] K. Rajeshwar, et al.. Electrochemistry and the environment [J]. Journal of Applied Electrochemistry, 1994, (24): 1077 ~ 1091.

[9] 杨卫身，等. 微电解法降解染料的研究 [J]. 上海环境科学，1996，15 (7)：30 ~ 32，35.

[10] 赵少陵，等. 活性炭纤维电极法处理印染废水的应用研究 [J]. 上海环境科学，1997，16 (5)：24 ~ 27.

[11] Li Choung Chiang, et al.. Elect rochemical oxidation pretreatment of refractory organic pollutants [J]. Water Science &Technology, 1997, 34 (2 ~ 3): 123 ~ 130.

[12] J. Naumczyk, et al.. Electrochemical treatment of textile wastewater [J]. Water Science & Technology, 1996, 34 (11): 17 ~ 24.

[13] Sheng. H. Lin, et al.. Treatment of textile wastewater by chemical methods for reuse [J]. Water Research, 1997, 31 (4): 868 ~ 876.

[14] Sheng. H. Lin, et al.. Treatment of textile wastewater by electrochemical method [J]. Water Research, 1994, 28 (2): 277 ~ 282.

[15] Apostolos G. Vlyssides et al. Detoxification of tannery waste liquors with an electrolysis system [J]. Environmental Pollution, 1997, (1 - 2): 147 ~ 152.

[16] Lidia Szpyrkowicz, et al.. Electrochemical treatment of tannery wastewater using Ti/Pt and Ti/Pt/Ir electrodes [J]. Water Research, 1995, 29 (2): 517 ~ 524.

[17] Ch. Comniellis, et al.. Anodic oxidation of phenol for wastewater treatment [J]. Journal of Applied Electro-

chem istry, 1991, (21): 703~708.

[18] Ch. Comniellis, et al.. Electrochemical oxidation of phenol for wastewater treatment using SnO_2 anodes [J]. Journal of Applied Electrochemistry, 1993, (23): 108~112.

[19] Ch. Comniellis, et al.. Anodic oxidation of phenol in the presence of NaCl for wastewater treatment [J]. Journal of Applied Electrochemist ry, 1995, (25): 23~28.

[20] C. L. K. Tennakoont, et al.. Electrochemical treatment of human wastes in a packed bed reactor [J]. Journal of Applied Electrochemistry, 1996, (26): 18~29.

[21] Li Choung Chiang, et al.. Indirect oxidation effect in electro chemical oxidation treatment of refractory organic pollutants [J]. Water Research, 1995, 29 (2): 671~678.

[22] S. H. lin, et al.. Elect rochemical removal of nitrite and ammonia fo r aquaculture [J]. Water Research, 1996, 30 (3): 715~721.

[23] Fank Walsh. Design and performance of electrochemical reactor for efficient synthesis and environmental treatment [J]. Analyst, 1994, 119 (5): 791~803.

[24] 衣宝廉. 立体电极及其应用 [J]. 化学通报, 1986, (2): 40~43.

[25] 许文林, 等. 扩散控制下固定床电化学反应器研究 (E) 理论研究 [J]. 化学反应工程与工艺, 1995, 11 (1): 26~31.

[26] 许文林, 等. 扩散控制下固定床电化学反应器研究 (Ê) 实验研究 [J]. 化学反应工程与工艺, 1995, 11 (4): 372~376.

[27] 周抗寒, 等. 复极性固定床电解槽内电极电位的分布 [J]. 环境化学, 1994, 13 (4): 318~322.

[28] G. Kreysa, et al.. Cylindrical three dimensional electrodes under limiting current conditions [J]. Journal of Applied Electrochem ist ry, 1993, (23): 707~714.

[29] 吴辉煌, 等. 电化学工程导论 [M]. 厦门: 厦门大学出版社, 1994: 187.

[30] G. Kreysa, et al.. Optimal design of packed bed cells for high conversion [J]. Journal of Applied Electrochemistry, 1982, (12): 214~251.

[31] 庞文亮, 等. 互补型混合床阳极处理铜氰络合物永的试验研究 [J]. 电镀与环保, 1989, 9 (6): 18~22.

[32] 熊方文, 等. 脉冲电解处理工业污水技术 [J]. 工业水处理, 1990, 10 (2): 10~12, 16.

[33] 董良飞. 船舶生活污水污染特征及控制对策研究 [D]. 西安: 西安建筑科技大学, 2005.

[34] 王继徽, 蒋忠锦. 电絮凝法处理合成洗涤剂废水 [J]. 湖南大学学报: 自然科学版, 1993, 20 (4): 112~117.

[35] 王蓉沙, 邓皓, 肖遥, 等. 电絮凝法处理油田污水 [J]. 环境科学研究, 1999, 12 (4): 30~32.

[36] 张石磊, 江旭佳, 洪国良, 等. 电絮凝技术在水处理中的应用 [J]. 工业水处理, 2013, 33 (1): 10~14.

[37] 张月锋, 金一中, 徐灏. 电解阳极间接氧化法处理制药废水的研究 [J]. 工业水处理, 2002, 22 (11): 22~24.

[38] Ding Haiyang, Feng Yujie, Liu Junfeng. Preparation and properties of $Ti/SnO_2-Sb_2O_5$ electrodes by electrodeposition [J]. Materials Letters, 2007, 61 (27): 4920~4923.

[39] 李善评, 胡振, 孙一鸣, 等. 新型钛基 PbO_2 电极的制备及电催化 性能研究 [J]. 山东大学学报: 工学版, 2007, 37 (3): 109~113.

[40] 冯俊生，许锡炜，汪一丰．电絮凝技术在废水处理中的应用［J］．环境科学与技术，2008，31（8）：87～89.

[41] 张峰振，杨波，张鸿，等．电絮凝法进行废水处理的研究进展［J］．工业水处理，2012，32（12）：11～16.

[42] 陈波，程治良，全学军，等．电絮凝法预处理垃圾焚烧发电厂渗滤液及其过程优化［J］．化工进展，2011，30（增刊）：902～908.

[43] 幸福堂，刘成焱，刘红．电凝聚法处理造纸中段废水的研究［J］．工业水处理，2005，25（4）：40～43.

[44] 朱雷，黄芬，蔡娟．电絮凝工艺在废水处理中的应用［J］．山西建筑，2007，33（35）：201～202.

[45] 杨岳平，宋爽．电絮凝法处理毛纺染色废水［J］．环境保护，2000（8）：19～20.

[46] 中国船级社．MARPOL 73/78 防污公约［M］．北京：人民交通出版社，2003：248～252.

[47] 王兆熊等．化工环境保护和三废治理技术［M］．化工出版社，1984. 25～27，184～185，371～375.

[48] M. J. 艾伦著，章学清译．有机电极过程［M］．中国工业出版社，1965.

[49] 徐庆华．化工环保［J］．1983，3（6），358～361.

[50] 马世华、张清福．环境工程［M］．1984. 16～21.

[51] 朱宏丽等．环境科学［M］．1986.（6），36～40.

[52] M. Chetterar 著，曲善慈译．国外环境科学技术［M］．1985.（1），1～9.

[53] 过祖源主编．工业皮水处理利用文集 D. 中国工业出版社，1965.（1），82～104.

[54] Trasatti S. Electrochemistry and environment：the role of electrocatalysis［J］．International Journal of Hydrogen Energy，1995，20：835～844.

[55] Gupta VK，Jain R，Varshney S. Electrochemical removal of the hazardous dye Reactofix Red3 BFN from industrial effluents［J］．Journal of Colloid and interface Science，2007，312（2）：292～296.

[56] Chang LC，Chang JE，Wen TC. Indirect oxidation effect in electrochemical oxidation treatment of landfill leachate［J］．Water Research，1995，29（2）：671～678.

[57] Comninellis C. Electrocatalysis in the electrochemical conversion/combustion of organic pollutant for wastewater treatment［J］．Electrochimica Acta，1994，39（11）：1857～1862.

[58] 温东辉，祝万鹏．高浓度难降解有机废水的催化氧化技术发展［J］．环境科学，1994，15（4）：88～91.

[59] Naumczyk J. Electrochemical treatment of textile wastewater［J］．Water Science and Technology，1996，33（7）：17～24.

[60] Iniesta J，Michaud PA，Panizza M，et al. Electrochemical oxidation of phenol at boron-doped diamond electrode［J］．Electrochimica Acta，2001，46（23）：3573～3578.

[61] 路长青，张果金，杨文忠．电化学氧化处理废水中有机污染物技术进展［J］．南京化工大学学报，1996，18（A01）：117～121.

[62] Comninellis C，Pulgarin C. Anodic oxidation of phenol for wastewater treatment［J］．Journal of Applied Electrochemistry，1991，21：703～708.

[63] Kotz R，Stucki S，Carcer B. Electrochemical wastewater treatment using high over voltage anodes Part Ⅰ：physical and electrochemical properties of SnO_2 anodes［J］．Applied Electrochemistry，1991，21（1）：

14 ~ 20.

［64］Kotz R, Stucki S, Carcer B, et al. Electrochemical wastewater treatment using high over voltage anodes. Part II: anode performance and application［J］. Applied Electrochemistry, 1991, 21（2）: 99 ~ 104.

［65］Comninellis C, Pulgarin C. Electrochemical oxidation of phenol for wastewater treatment using SnO_2 anodes［J］. Applied Electrochemistry, 1993, 23（2）: 108 ~ 112.

［66］Chiang LC, Chang JE, Tseng SC. Electrochemical oxidation pretreatment of refractory organic pollutants［J］. Water Science &Technology, 1997, 34（2 - 3）: 123 ~ 130.

［67］张成光，缪娟，符德学，等．电化学技术降解有机废水研究进展［J］．应用化工，2006，35（10）：798 ~ 802.

［68］贾金平，杨骥，廖军．活性炭纤维（ACF）电极法处理染料废水的探讨［J］．上海环境科学，1997，16（4）：19 ~ 22.

［69］贾金平，杨骥，廖军，等．活性炭纤维电极法处理染料废水机理初探［J］．环境科学，1997，18（6）：31 ~ 34.

［70］Lei B, Xue JJ, Jin DP, et al. Fabrication, annealing, and electrocatalytic properties of platinum nanoparticles supported on self-organized TiO_2 nanotubes［J］. Rare Metals, 2008, 27（5）: 445 ~ 450.

［71］Fan L, Zhou YW, Yang WS. Electrochemical degradation of aqueous solution of Amaranth azo dye on ACF under potentiostatic model［J］. Dyes and Pigments, 2008, 76（2）: 440 ~ 446.

［72］周抗寒，周定．复极性固定床电解槽内电极电位的分布［J］．环境化学，1994，13（4）：318 ~ 322.

［73］Rajkumar D, Palanivelu K. Electrochemical treatment of industrial wastewater［J］. Journal of Hazardous Materials, 2004, 113（1 - 3）: 123 ~ 129.

［74］Zhou D, Cai WM, Wang QH. A study on the use of bipolar-particles-electrodes in decolorization of dyeing effluents and its principle［J］, Water Science Technology, 1986, 19（34）: 391 ~ 400.

［75］周定，汪群慧．复极性电极中填充材料选择的研究［J］．哈尔滨工业大学学报，1984（增刊）：1 ~ 4.

［76］吴辉煌．水中有机污染物电化学清除的研究进展［J］．环境污染与防治，2000，22（4）：39 ~ 42.

［77］Wang J, Angnes L, Tobias H, et al. Carbon aerogel composite electrodes［J］. Analytical Chemistry, 1993, 65（17）: 2300 ~ 2303.

［78］Kohler D, Zabasajja J, Krishnagopalan M, et al. A Metal-carbon composite materials from fiber precursors I. Preparation of stainless steel-carbon composite electrodes［J］. Journal of the Electrochemical Society, 1990, 137: 136 ~ 141.

［79］Wang J, Brennsteiner A, Angnes L, et al. Composite electrodes based on carbonized poly（acrylonitrile）foams［J］. Analytical Chemistry, 1990, 62（10）: 1102 ~ 1104.

［80］Sleszynski N, Osteryoung J, Carter M. Arrays of very small voltammetric electrodes based on reticulated vitreous carbon［J］. Analytical Chemistry, 1984, 56（2）: 130 ~ 135.

［81］熊英健，范娟，朱锡海．三维电极电化学水处理技术研究现状及方向［J］．工业水处理，1998，18（1）：5 ~ 8.

［82］李保山，牛王舒，翟王春，等．发泡金属电极的宏观反应速率及电势分布［J］．化工学报，2001，

2 (7): 593 ~ 600.

[83] 董献堆，陈平安，陆君涛，等. 电解用三维电极体系的研究与发展 [J]. 化学通报，1997，5：12 ~ 19.

[84] Polcaro AM, Palmas S, Renoldi F. Three-dimensional electrodes for the electrochemical combustion of organic pollutants [J]. Electrochimical Acta, 2000, 46 (2 - 3): 389 ~ 394.

[85] Geert L, Jan P, Marc V, et al. Electrochemical degradation of surfactants by intermediates of water discharge at carbon-based electrodes [J]. Electrochimical Acta, 2003, 48 (12): 1655 ~ 1663.

[86] 朱宏丽，王书惠. 三元电极电解在水处理中的应用 [J]. 环境科学，1985，6 (6)：36 ~ 40.

[87] Wang LZ, Fu JF, Qiao QC, et al. Kinetic modeling of electrochemical degradation of phenol in a three-dimension electrode process [J]. Journal of Hazardous Materials, 2007, 144 (1 - 2): 118 ~ 125.

[88] Kusakabe K, Kimura T, Morooka S, et al. Effect of electrolyte properties on current efficiency of bipolar packed bed electrodes [J]. Journal of Chemical Engineering of Japan, 1981, 17 (3): 293 ~ 297.

[89] 江琳才. 电合成 [M]. 北京：高等教育出版社，1993.

[90] Xu LN, Zhao HZ, Shi SY, et al. Electrolytic treatment of C. I. Acid Orange 7 in aqueous solution using a three-dimensional electrode reactor [J]. Dyes and Pigments, 2008, 77 (1): 158 ~ 164.

[91] 庄连春，曾迪华. UV/H_2O_2 光氧化系统分解苯环类污染物之研究 [J]. 中国环境工程学刊，1997，7 (3)：203 ~ 262.

[92] Xiong Y, He C, Hans TK, et al. Performance of three-phase three-dimensional electrode reactor for the reduction of COD in simulated wastewater-containing phenol [J]. Chemosphere, 2003, 50 (1): 131 ~ 136.

[93] 杨昌柱，崔艳萍，黄健，等. 三维电极反应器氧化降解苯酚 [J]. 化工进展，2006，25 (5)：551 ~ 556.

[94] 黄宇，孙宝盛，石玲，等. 三维电极反应器处理染料废水效果分析 [J]. 工业用水与废水，2007，38 (2)：27 ~ 29.

[95] 刘占孟，桑义敏，杨润昌，等. 活性炭 - 纳米二氧化钛电催化氧化处理染料废水 [J]. 水资源保护，2006，22 (3)：68 ~ 71.

[96] Wu XB, Yang XQ, Wu DC, et al. Feasibility study of using carbon aerogel as particle electrodes for decoloration of RBRX dye solution in a three-dimensional electrode reactor [J]. Chemical engineering journal, 2008, 138 (3): 47 ~ 54.

[97] 雷利荣，李友明，陈元彩，等. 三维电极电化学法处理桉木 CTMP 制浆废水 [J]. 废水处理，2006，25 (4)：6 ~ 8.

[98] Zhou MH, Fu WJ, Gu HY, et al. Nitrate removal from groundwater by a novel three-dimensional electrode biofilm reactor [J]. Electrochimica Acta, 2007, 52 (19): 6052 ~ 6059.

[99] 安太成，何春，朱锡海，等. 三维电极电助光催化降解直接湖蓝水溶液的研究 [J]. 催化学报，2001，22 (2)：193 ~ 197.

[100] 陈武，杨昌柱，梅平，等. 三维电极 - Fenton 试剂耦合法去除废水 COD 实验研究 [J]. 环境污染治理技术与设备，2006，7 (3)：83 ~ 87.

[101] Trabelsi F, Ait-Lyazidi H, Ratsimba B, et al. Oxidation of phenol in wastewater by sonoelectrochemistry [J]. Chemistry Engineering Science, 1996, 51 (10): 1857 ~ 1865.

[102] 王建信，李义久，曾新平，等．水中有机污染物超声强化氧化技术研究进展［J］．环境污染治理技术与设备，2003，4（4）：66~69.

[103] 刘静，谢英，卞华松．超声电化学法处理印染废水的实验研究［J］．上海环境科学，2001，20（3）：151~153.

[104] 吴斌．超声辅助电催化氧化降解水中苯酚、苯甲酸和水杨酸的研究［D］．上海：同济大学博士论文，2002.

[105] 张成孝．超声电化学及其研究进展［J］．西安师范大学学报（自然科学版），2001，29（6）：103~109.

[106] Compton RG，Eklund JC，Marken F. Sonoelectrochemical processes a review［J］. Electroanalysis，1997，9（7）：509~522.

[107] 曹志斌，王玲，薛建军，等．超声协同三维电极处理染料废水的研究［J］．水处理技术，2008，34（11）：57~60.

[108] 程爱华，张治宏．活性炭填充电极电解法处理含酚废水的试验研究［J］．西安科技学院学报，2002，22（4）：426~428.

[109] 冯晓西，乌锡康．精细化工废水治理技术［M］．北京：化学工业出版社，2000.

[110] 陈武，艾俊哲，李凡修，等．电化学反应器－三维电极中粒子电极应用研究［J］．荆州师范学院学报，2002，5（5）：76~78.

[111] 徐丽娜，赵华章，倪晋仁．阴极材料对三相三维电极反应器电解处理酸性橙 的影响研究［J］．环境科学，2008，29（4）：942~947.

[112] 杨松．复极性三维电极反应器的改进研究［D］．大连：大连理工大学硕士论文，2004.

[113] 吴薇．复极性固定床三维电极法处理阴离子表面活性剂废水的试验研究［D］．西安：西安建筑科技大学硕士论文，2007.

[114] 雷东成，汪大翚．水处理高级氧化技术［M］．北京：化学工业出版社，2001.

[115] 闫海生，刘博，喻为福，等．催化湿化氧化中多相非贵金属催化剂的研究进展［J］．化工环保，2006，12（1）：28~31.

[116] 赵翔，曲久辉，李海燕，等．催化臭氧化饮用水中甲草胺的研究［J］．中国环境科学，2004，24（3）：332~335.

[117] Barabara Kasprzyk-Hordern. Catalytic Ozonation and Methods of Enhancing Molecular Ozone Reactions in Water Treatment［J］. Applied Catalysis B：Environment，2003，46：639~669.

[118] 鲍晓丽，汤洪霄，文湘华，等．水处理中的高级氧化技术［J］．环境科学与管理，2006，2（31）：106~109.

[119] 张彭义．Ni、Fe 氧化物对吐氏酸废水催化臭氧化研究［J］．上海环境科学，1996，15：24~27.

